概型的伽罗瓦理论

高珊 李贞阳 著

U0239027

山东大学出版社
SHANDONG UNIVERSITY PRESS
·济南·

图书在版编目（CIP）数据

概型的伽罗瓦理论/高珊，李贞阳著.—济南：
山东大学出版社，2024.3

ISBN 978-7-5607-8194-5

Ⅰ．①概…　Ⅱ．①高…　②李…　Ⅲ．①伽罗瓦理论
Ⅳ．①O153.4

中国国家版本馆 CIP 数据核字（2024）第 070802 号

责任编辑　宋亚卿
封面设计　王秋忆

概型的伽罗瓦理论
GAIXING DE JIALUOWA LILUN

出版发行	山东大学出版社
社　　址	山东省济南市山大南路 20 号
邮政编码	250100
发行热线	（0531）88363008
经　　销	新华书店
印　　刷	山东和平商务有限公司
规　　格	720 毫米×1000 毫米　1/16
	9.25 印张　135 千字
版　　次	2024 年 3 月第 1 版
印　　次	2024 年 3 月第 1 次印刷
定　　价	46.00 元

前　　言

算术几何在许多学科及研究方向中起着重要作用，并与数论、模形式、表示论、代数几何、代数数论、李群、多复变函数论、黎曼面、K 理论、丢番图方程等相互交叉和渗透. 算术几何在许多著名问题如莫德尔猜想、费马大定理等的研究中，已取得重大突破.

本书主要介绍有限艾达尔态射的基本理论，该理论是专业研究人员学习艾达尔上同调的第一步. 书中给出并证明了概型的伽罗瓦理论中的主要定理，该定理表明，一个连通概型 X 的有限艾达尔覆盖可以按照它的基本群 $\pi(X)$ 进行分类，分类方式与连通拓扑空间有限覆盖的分类方式一致.

本书的主要目的是研究和发展有关有限艾达尔态射的定理和性质，在书稿撰写过程中，主要参考和使用了伦斯特拉 (H. W. Lenstra) 教授的课程资料 (详见 http://websites.math.leidenuniv.nl /algebra/GSchemes.pdf). 笔者按自己的理解和研究重述了有关理论，并加入了大量的细节，这些细节在 Lenstra 教授的授课材料中是作为练习留给读者的.

若没有特别指出，本书中提到的环均为交换幺环，环同态保持幺元，所有子环均包含幺元且幺元作用在所有模上相当于单位元. 在书稿撰写过程中, 为了避免翻译误解, 笔者在若干地方同时标注了英文释义. 本书的主要内容如下: 第 1 章简单回顾了拓扑空间的覆盖空间以及拓扑空间基本群的理论; 第 2 章主要介绍了伽罗瓦范畴, 给出了这类范畴的公理化特征并证明了其等价于范畴 π-**Sets**, 其中 π 为某个有限投射群; 第 3 章介绍了有限艾达尔态射的基本性质, 同时推广了射影可分代数的基本性质; 第 4 章也是最后一章, 给出并证明了本书的主要定理, 即一个连通概型的有限艾达尔覆盖范畴是一个伽罗瓦范畴.

本书主要基于笔者在加拿大康考迪亚大学 (Concordia University) 攻读硕士学位时的毕业论文内容, 在此笔者向导师 (Adrian Iovita 教授) 表示由衷的感激. 高珊负责本书的主要撰写工作, 李贞阳负责整体内容翻译、定理推导检验等工作. 本书获得了云南省 "兴滇英才支持计划" 的资助, 在此表示感谢.

由于著者水平有限, 书中难免会出现不足和错误之处, 敬请读者批评指正, 期待算术几何不断发展.

著　者

2023 年 11 月

目　　录

第 1 章　拓扑基本群

1.1　基　本　群

本节将简要介绍拓扑空间中基本群的构造. 假设这一节涉及的所有空间均为拓扑空间, 且涉及的拓扑空间上的所有映射都是连续的. 在本章中, 令 $I = [0, 1]$. 有关本节更详细的内容, 读者可以查阅文献 [1] (第 5 章) 和 [2](第 2 章).

定义 1.1.1　如果存在映射 $F : X \times I \to Y$, 使得

$$F(x, 0) = f_0(x), \ F(x, 1) = f_1(x)$$

对所有 $x \in X$ 成立, 则两个映射 $f_0, f_1 : X \to Y$ 被称作是**同伦的**. 映射 F 称为从 f_0 到 f_1 的**同伦**, 记为 $f_0 \underset{F}{\simeq} f_1$.

定义 1.1.2　每一个映射 $f : I \to X$ 称为空间 X 中的一个**道路**, $f(0)$ 和 $f(1)$ 分别称为道路 f 的起点和终点. 当映射 $f : I \to X$ 满足 $f(0) = f(1)$ 时, 称 f 为空间 X 中的一个**闭路**, 此时我们称闭路 f 基于点 $x_0 = f(0)$, 点 $x_0 = f(0)$ 称为闭路 f 的**基点**.

定义 1.1.3　对空间 X 中的两条道路 $f, g : I \to X$, 如果它们满足 $f(0) = g(0)$, $f(1) = g(1)$ 且存在一个映射 $F : I \times I \to X$, 使得

$$\left. \begin{array}{l} F(s, 0) = f(s) \\ F(s, 1) = g(s) \end{array} \right\} \text{对所有} s \in I,$$

$$\left. \begin{array}{l} F(0, t) = f(0) = g(0) \\ F(1, t) = f(1) = g(1) \end{array} \right\} \text{对所有} t \in I,$$

则称 f 与 g 为**道路同伦的**，记为 $f \underset{(p)}{\simeq} g$.

性质 1.1.1 道路同伦是空间 X 中的道路集上的一个等价关系.

我们用 $[f]$ 表示道路 $f : I \to X$ 的同伦类. 若 f 和 g 是空间 X 中的两条道路且 $f(1) = g(0)$，定义它们的 **积** $f * g$ 为下式所表示的道路：

$$(f * g)(s) = \begin{cases} f(2s), & 0 \leqslant s \leqslant \frac{1}{2}, \\ g(2s - 1), & \frac{1}{2} \leqslant s \leqslant 1. \end{cases}$$

容易验证，上面定义的乘法运算保持同余类，即如果 $f_0 \underset{(p)}{\simeq} f_1$，$g_0 \underset{(p)}{\simeq} g_1$ 且 $f_0(1) = g_1(0)$，则 $f_0 * g_0 \underset{(p)}{\simeq} f_1 * g_1$. 给定一个拓扑空间 X，选取一个基点 $x_0 \in X$，并考虑基于 x_0 的所有闭路 $f : I \to X$ 的同伦类构成的集合（即 X 内以 x_0 为基点的所有闭路关于道路同伦等价关系的商集），记为 $\pi_1(X，x_0)$. 关于此集合，我们有下面的定理.

定理 1.1.1 $\pi_1(X，x_0)$ 关于乘法 $[f][g] = [f * g]$ 构成一个群.

上述定理中的群称为拓扑空间 X 以 x_0 为基点的**基本群**.

1.2 覆 盖 空 间

定义 1.2.1 设 X 是一个拓扑空间.

(1) X 上的一个空间是指一个拓扑空间 Y 以及一个连续映射 $p : Y \to X$，记为 $(Y，p)$.

(2) X 上的两个空间 $p_i : Y_i \to X$ $(i = 1，2)$ 之间的一个态射是指一个连续映射 $f : Y_1 \to Y_2$，使得图1.1为交换图.

图 1.1

(3) 如果映射 $p : Y \to X$ 满足对任意 $x \in X$，存在一个邻域 V，使得

$p^{-1}(V)$ 可分解为 Y 的一个互不相交的开集族 $(U_i)_{i \in D}$ 的并, 且 p 在每一个 U_i 上的限制是 U_i 到 V 的同胚映射, 则 X 上的一个空间 (Y, p) 称为 X 的一个**覆盖空间**. 此时, 每一个 U_i 称为 $p^{-1}(V)$ 的一个**叶片**, $(U_i)_{i \in D}$ 称为 $p^{-1}(V)$ 的叶片族, 映射 p 称为一个**覆盖映射**.

(4)X 的覆盖空间之间的态射就是 X 的空间之间的态射.

在定义1.2.1的 (3) 中, 若每一个叶片族 $(U_i)_{i \in D}$ 均为有限族, 则称 Y 为 X 的一个有限覆盖.

例 1.2.1　设 D 是一个非空离散拓扑空间, 构造积空间 $X \times D$. 若其到第一个坐标空间的投射 $X \times D \to X$, 使得积空间 $X \times D$ 成为 X 的一个覆盖空间, 则称其为**平凡覆盖**.

性质 1.2.1　X 上的一个空间 Y 是覆盖空间的充分必要条件是 X 中的每一点都有一个邻域 V, 使得映射 $p : Y \to X$ 在 $p^{-1}(V)$ 上的限制同构于 (作为 V 上的空间) 一个平凡覆盖.

证明: 充分性由上面的例子以及覆盖空间的定义可得, 下面证明必要性. 给定一个覆盖 $p : Y \to X$ 以及一个分解 $p^{-1}(V) \cong \coprod\limits_{i \in D} (U_i)$, 其中 D 为某个指标集, 则映射

$$f : \coprod_{i \in D} (U_i) \to V \times D, \ u_i \in U_i \mapsto (p(u_i), \ i)$$

是一个同胚, 其中 D 上的拓扑为离散拓扑. 上式即为与 V 上的一个平凡覆盖的同构. $\qquad\qquad\qquad\qquad\qquad\qquad\qquad\qquad\qquad\qquad$ □

设 X 是一个拓扑空间, $\pi_1(X, x)$ 为 X 的以 x 为基点的基本群. 下面我们说明对一个给定的覆盖 $p : Y \to X$, 有一个基本群 $\pi_1(X, x)$ 在纤维 $p^{-1}(x)$ 上的自然作用. 我们需要用到下面的引理.

引理 1.2.1　设 $p : Y \to X$ 是一个覆盖映射, $y \in Y$ 且 $x = p(y)$.

(1) 给定 X 中的一条以 x 为起点的道路 $f : [0, 1] \to X$, 即 $f(0) = x$, 则存在 Y 中唯一的道路 $\widetilde{f} : [0, 1] \to Y$, 使得 $\widetilde{f}(0) = y$ 且 $p \circ \widetilde{f} = f$. 这样的道路 $\widetilde{f}$ 称为 f 的提升.

(2) 进一步, 假设 $g : [0, 1] \to X$ 为 X 中的一条与 f 同伦的道路, 则 Y 中满足 $\widetilde{g}(0) = y$ 且 $p \circ \widetilde{g} = g$ 的唯一的道路 $\widetilde{g} : [0, 1] \to Y$ 与 $\widetilde{f}$ 有相同的终点, 即 $\widetilde{f}(1) = \widetilde{g}(1)$.

证明: 该引理的详细证明请参见文献 [2](第 5 章第 3 节) 和 [3](第 2 章第 2.3 小节). □

下面我们定义基本群 $\pi_1(X, x)$ 在纤维 $p^{-1}(x)$ 上的（左）作用.

定义 1.2.2 设 $p : Y \to X$ 是空间 X 的一个覆盖且 $x \in X$. 对于任意的 $y \in p^{-1}(x)$ 以及任意的 $[f] \in \pi_1(X, x)$, 其中 f 为以 x 为基点的一个闭路（即 $[f]$ 的一个代表元）, 我们定义群 $\pi_1(X, x)$ 在 $p^{-1}(x)$ 上的（左）作用如下:

$$[f]y := \widetilde{f}(1),$$

其中 $\widetilde{f}$ 为引理 (1) 所说的 f 的唯一的提升.

由引理1.2.1的 (2) 可知上述定义不依赖于代表道路 f 的选取, 且 $p\widetilde{f}(1) = f(1) = x$, 即 $[f]y \in p^{-1}(x)$, 因此上述作用是明确定义的.

如果拓扑空间 X 中的任意两点可被 X 中的一条道路连接, 则称 X 为**道路连通的**. 道路连通空间是连通的. 道路连通空间关于不同基点的基本群是同构的. 如果拓扑空间 X 内的每一点 x 都有一个道路连通的邻域基, 则称 X 为**局部道路连通的**. 如果拓扑空间 X 是道路连通的且其基本群为平凡群, 则称 X 为**单连通的**. 如果拓扑空间 X 内的每一点 x 都存在一个邻域 U, 使得自然同态 $\pi_1(U, x) \to \pi_1(X, x)$ 是平凡的（即 U 中以 x 为基点的任意闭路在 X 中与常值道路同伦）, 则称 X 为**半局部单连通的**.

若拓扑空间 X 是连通的, 也是局部道路连通的, 且是半局部单连通的, 则其基本群 $\pi_1(X, x)$ 在同构的意义下不依赖于基点 x. 将这类空间的基本群简记为 $\pi_1(X)$, 我们有如下定理.

定理 1.2.1 设 X 是一个连通、局部道路连通且半局部单连通的拓扑空间, 则 X 的覆盖空间范畴等价于 $\pi_1(X)$-集合范畴.

上述定理证明的所有细节可参见文献 [2](第 5 章第 7 节) 和 [3](第 2 章定理 2.3.4).

在定理 1.2.1 中, 基本群 $\pi_1(X)$ 上没有定义拓扑且 $\pi_1(X)$-集合未必是有限的. 若 X 是连通的, 则下面的定理给出了 X 的有限覆盖范畴与 $\hat{\pi}(X)$-集合范畴的关系, 其中 $\hat{\pi}(X)$ 为某个投射有限群.

定理 1.2.2　设 X 是一个连通的拓扑空间, 则存在唯一的 (在同构的意义下) 投射有限群 $\hat{\pi}(X)$, 使得 X 的有限覆盖范畴等价于 $\hat{\pi}(X)$-集合范畴 (具有 $\hat{\pi}(X)$ 连续作用的有限集合, 详见例2.1.1).

该定理的证明将在2.1.7小节给出. 若 X 满足定理 1.2.1 的条件, 则定理 1.2.2 中给出的群 $\hat{\pi}(X)$ 即为 $\pi_1(X)$ 的有限投射完备化群.

第 2 章 伽罗瓦范畴

2.1 伽罗瓦范畴概述

2.1.1 范畴与函子

定义 2.1.1 一个**范畴** $\mathcal{C}$ 由以下内容构成:

(1) 集合 $\mathrm{Ob}(\mathcal{C})$, $\mathrm{Ob}(\mathcal{C})$ 中的元素称为 $\mathcal{C}$ 中的对象;

(2) 集合族 $\mathrm{Mor}_{\mathcal{C}}(A, B)$, 其中 $A, B \in \mathrm{Ob}(\mathcal{C})$ 为任意两个对象, $\mathrm{Mor}_{\mathcal{C}}(A, B)$ 中的元素称为 A 到 B 的态射;

(3) 对于 $\mathcal{C}$ 中的任意三个对象 A, B, C, 给定态射间的复合 (也称为乘法法则) 如下:

$$\circ : \mathrm{Mor}_{\mathcal{C}}(B, C) \times \mathrm{Mor}_{\mathcal{C}}(A, B) \to \mathrm{Mor}_{\mathcal{C}}(A, C), \quad (f, g) \mapsto f \circ g,$$

$f \circ g$ 也可简记为 fg.

定义 2.1.1 中的 (1)(2)(3) 满足下面的条件:

• 两个集合族 $\mathrm{Mor}_{\mathcal{C}}(A, B)$ 和 $\mathrm{Mor}_{\mathcal{C}}(A', B')$ 要么互不相交, 要么相等, 且 $\mathrm{Mor}_{\mathcal{C}}(A, B) = \mathrm{Mor}_{\mathcal{C}}(A', B')$ 当且仅当 $A = A'$ 且 $B = B'$ 时成立.

• 对 $\mathcal{C}$ 中的任意对象 A, 存在一个态射 $\mathrm{id}_A \in \mathrm{Mor}_{\mathcal{C}}(A, A)$, 使得对所有 $B \in \mathrm{Ob}(\mathcal{C})$, 态射 id_A 可分别作为 $\mathrm{Mor}_{\mathcal{C}}(A, B)$ 与 $\mathrm{Mor}_{\mathcal{C}}(B, A)$ 中元素的左、右单位元 (对于上面定义的复合法则).

• 上面定义的复合法则满足结合律, 即对于任意态射 $f \in \mathrm{Mor}_{\mathcal{C}}(A, B)$,

$g \in \mathrm{Mor}_{\mathcal{C}}(B, C)$ 以及 $h \in \mathrm{Mor}_{\mathcal{C}}(C, D)$，我们有

$$(h \circ g) \circ f = h \circ (g \circ f)$$

对 $\mathcal{C}$ 中的任意对象 A，B，C，D 成立.

例 2.1.1　下面给出几个范畴的例子：

(1) 有限集以及集合间的映射所构成的范畴，记为 **Sets**.

(2) 给定一个群 G，所有具有 G 的左作用的集合，以及与 G-作用相容的集合间的映射构成一个范畴，记为 G-*Sets*.

(3) 给定一个投射有限群 π，所有具有连续的 π 的左作用的有限集，以及与 π-作用相容的集合间的映射构成一个范畴，记为 π-**Sets**.

(4) 拓扑空间 X 的所有有限覆盖空间 (详见定义 1.2.1)，以及覆盖空间之间的态射构成一个范畴，记为 **Cov**(X).

(5) 所有概型以及概型间的态射是一个范畴.

定义 2.1.2　对一个态射 $u : X \to Y$，如果存在一个态射 $v : Y \to X$ 使得 $u \circ v = \mathrm{id}_Y$ 且 $v \circ u = \mathrm{id}_X$，则称 u 为范畴 $\mathcal{C}$ 中的一个**同构**. 此时称对象 X 与 Y 在 $\mathcal{C}$ 中同构.

定义 2.1.3　设 $\mathcal{C}$，$\mathcal{D}$ 为两个范畴，一个由 $\mathcal{C}$ 到 $\mathcal{D}$ 的**共变** (或**反变**) **函子** F 是指以下法则：

(1) 对 $\mathcal{C}$ 中的任一对象 A，存在 $\mathcal{D}$ 中唯一的对象 $F(A)$ 与之对应（此时 F 定义了一个 $\mathrm{Ob}(\mathcal{C}) \to \mathrm{Ob}(\mathcal{D})$ 的映射）；

(2) 对任意 A，$B \in \mathrm{Ob}(\mathcal{C})$ 与任意态射 $f : A \to B$，有一个态射 $F(f) : F(A) \to F(B)$ (或 $F(f) : F(B) \to F(A)$) 与之对应（此时 F 定义了一个 $\mathrm{Mor}_{\mathcal{C}}(A, B) \to \mathrm{Mor}_{\mathcal{D}}(F(A), F(B))$ 的映射），且满足：

- 对所有 $A \in \mathrm{Ob}(\mathcal{C})$，$F(\mathrm{id}_A) = \mathrm{id}_{F(A)}$.
- 若 $f : A \to B$，$g : B \to C$ 为 $\mathcal{C}$ 中的两个态射，则

$$F(g \circ f) = F(g) \circ F(f) \ (\text{或} F(g \circ f) = F(f) \circ F(g)).$$

定义 2.1.4 对于 $\mathcal{C}$，$\mathcal{D}$ 以及函子 (以共变的为例) F，$G\colon \mathcal{C} \to \mathcal{D}$，一个**自然变换**或称**函子间的态射** $\Phi\colon F \to G$ 是指这样一个法则：对于 $\mathcal{C}$ 中的任意对象 X，有一个态射 $\Phi_X\colon F(X) \to G(X)$ 与之对应，使得图2.1对于所有态射 $f\colon X \to Y$ 可交换.

$$
\begin{array}{ccc}
F(X) & \xrightarrow{\Phi_X} & G(X) \\
\scriptstyle F(f) \big\downarrow & & \big\downarrow \scriptstyle G(f) \\
F(Y) & \xrightarrow{\Phi_Y} & G(Y)
\end{array}
$$

图 2.1

定义 2.1.5 设 $F\colon \mathcal{C} \to \mathcal{D}$ 是一个函子.

(1) 如果对任意 X，$Y \in \mathrm{Ob}(\mathcal{C})$，映射

$$
F\colon \mathrm{Mor}_{\mathcal{C}}(X，Y) \to \mathrm{Mor}_{\mathcal{D}}(F(X)，F(Y))
$$

为单射，我们称 F 是**忠实的**.

(2) 若 (1) 中所有的映射均为双射，则称 F 为 **完全忠实的**.

(3) 如果对任意 $Y \in \mathrm{Ob}(\mathcal{D})$，存在 $X \in \mathrm{Ob}(\mathcal{C})$ 使得 $F(X)$ 在 $\mathcal{D}$ 中与 Y 同构，则称函子 F 为**本质满的**.

定义 2.1.6 对函子 $F\colon \mathcal{C} \to \mathcal{D}$，如果存在一个函子 $G\colon \mathcal{D} \to \mathcal{C}$，使得复合 $F \circ G$ 与 $G \circ F$ 分别同构于 $\mathcal{D}$ 与 $\mathcal{C}$ 的恒等函子 $\mathrm{id}_{\mathcal{D}}$ 与 $\mathrm{id}_{\mathcal{C}}$，则 F 被称为一个范畴 $\mathcal{C}$ 到 $\mathcal{D}$ 的**等价**. 此时我们称 G 为 F 的一个**拟逆函子**.

引理 2.1.1 一个函子是范畴间的等价，当且仅当它既是完全忠实的也是本质满的.

该引理的证明可参见文献 [3] (第 4 章第 4 节定理 1).

2.1.2 始对象、终对象、单态射和满态射

定义 2.1.7 设 $\mathcal{C}$ 为一个范畴.

(1) 对范畴 $\mathcal{C}$ 中的一个对象 S，如果对 $\mathcal{C}$ 中的每个对象 X，恰有一个

态射 $S \to X$（即 $\mathrm{Mor}_\mathcal{C}(S, X)$ 中恰有一个元素），则称 S 为一个 **始对象**.

(2) 对范畴 $\mathcal{C}$ 中的一个对象 T，如果对 $\mathcal{C}$ 中的每个对象 X，恰有一个态射 $X \to T$（即 $\mathrm{Mor}_\mathcal{C}(X, T)$ 中恰有一个元素），则称 T 为一个 **终对象**.

由上面的定义可知，始对象与终对象在同构的意义下是唯一的（如果存在的话）. 我们将一个范畴 $\mathcal{C}$ 的始对象与终对象分别记为 $\mathbf{0}_\mathcal{C}$ 与 $\mathbf{1}_\mathcal{C}$. 在范畴 **Sets** 中，空集 $\varnothing$ 是一个始对象，而任意单元素集是一个终对象.

定义 2.1.8　设 $\mathcal{C}$ 是一个范畴，X，$Y \in \mathrm{Ob}(\mathcal{C})$，且 $f : X \to Y$ 是 $\mathcal{C}$ 中的一个态射.

(1) 如果对任意对象 Z 以及任意一对态射 u，$v : Z \to X$，由 $f \circ u = f \circ v$ 可推出 $u = v$（即满足左消去律），我们称 f 是一个 **单态射**（或单态的）.

(2) 如果对任意对象 W 以及任意一对态射 u，$v : Y \to W$，由 $u \circ f = v \circ f$ 可推出 $u = v$（即满足右消去律），我们称 f 是一个 **满态射**（或满态的）.

例 2.1.2　在范畴 **Sets** 中，单态射与满态射分别对应集合间的单射与满射.

易知，单态射（或满态射）的复合仍是单态射（或满态射）.

定义 2.1.9　设 $\mathcal{C}$ 是一个范畴，X 是 $\mathcal{C}$ 中的一个对象. X 的一个**子对象**是指 $\mathcal{C}$ 中的一个单态射 $Y \to X$. X 的两个子对象 $Y \to X$，$Y' \to X$ 间的一个态射是指 $\mathcal{C}$ 中的一个态射 $f : Y \to Y'$，使得图2.2可交换.

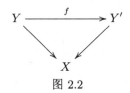

图 2.2

2.1.3　积、纤维积、余积与等化子

定义 2.1.10　设 X，$Y \in \mathrm{Ob}(\mathcal{C})$，$X$ 与 Y 的一个**积**是指一个对象 $X \times Y \in \mathrm{Ob}(\mathcal{C})$ 以及两个态射 $p \in \mathrm{Mor}_\mathcal{C}(X \times Y, X)$ 与 $q \in \mathrm{Mor}_\mathcal{C}(X \times$

Y, Y), 且 $(X \times Y, p, q)$ 满足如下泛性质 (universal property)：对任意对象 $Z \in \mathrm{Ob}(\mathcal{C})$ 以及任意两个态射 $\alpha \in \mathrm{Mor}_{\mathcal{C}}(Z, X)$ 和 $\beta \in \mathrm{Mor}_{\mathcal{C}}(Z, Y)$，$\mathcal{C}$ 中存在唯一的态射 $\gamma \in \mathrm{Mor}_{\mathcal{C}}(Z, X \times Y)$ 使得图2.3可交换.

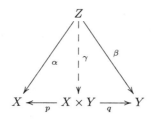

图 2.3

类似地，我们还可以定义范畴 $\mathcal{C}$ 中任意一族对象的积.

定义 2.1.11　设 $(A_i)_{i \in I}$ 是范畴 $\mathcal{C}$ 中的一族对象，其中 I 为指标集. A_i 的**积**是指一对内容 $(A, (p_i)_{i \in I})$ 包含范畴 $\mathcal{C}$ 中的一个对象 A 以及一族态射 $\{p_i : A \to A_i\}$ 满足如下性质：给定一族态射 $\{g_i : B \to A_i\}$，存在唯一的态射 $\gamma : B \to A$，使得 $p_i \circ \gamma = g_i$ 对所有 $i \in I$ 成立. 我们将 $(A_i)_{i \in I}$ 的积记为 $\prod_{i \in I} A_i$.

在范畴 $\mathcal{C}$ 中，空对象族的积存在当且仅当 $\mathcal{C}$ 有终对象. 如果 I 是有限集，此时的积称为有限积. 设 $I = \{i_1, i_2, \cdots, i_n\}$，我们用 $A_{i_1} \times A_{i_2} \times \cdots \times A_{i_n}$ 代替 $\prod_{i \in I} A_i$ 来表示它们的积.

定义 2.1.12　设 X, Y, $Z \in \mathrm{Ob}(\mathcal{C})$，$f \in \mathrm{Mor}_{\mathcal{C}}(X, Z)$ 且 $g \in \mathrm{Mor}_{\mathcal{C}}(Y, Z)$，$f$ 与 g 的一个 **纤维积**是指一个对象 $X \times_Z Y \in \mathrm{Ob}(\mathcal{C})$ 以及态射 $p_1 \in \mathrm{Mor}_{\mathcal{C}}(X \times_Z Y, X)$ 和 $p_2 \in \mathrm{Mor}_{\mathcal{C}}(X \times_Z Y, Y)$，使得图2.4可交换，且 $(X \times_Z Y, p_1, p_2)$ 满足如下泛性质：对任意对象 $T \in \mathrm{Ob}(\mathcal{C})$ 以及满足条件 $f \circ \alpha = g \circ \beta$ 的态射 $\alpha \in \mathrm{Mor}_{\mathcal{C}}(T, X)$ 和 $\beta \in \mathrm{Mor}_{\mathcal{C}}(T, Y)$，$\mathcal{C}$ 中存在唯一的态射 $\phi \in \mathrm{Mor}_{\mathcal{C}}(T, X \times_Z Y)$，使得图2.5可交换.

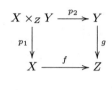

图 2.4

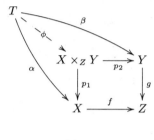

图 2.5

定义 2.1.13　如果范畴 C 中的任意两个态射 $f \in \mathrm{Mor}_C(X，Z)$ 与 $g \in \mathrm{Mor}_C(Y，Z)$ 的纤维积存在，则我们称范畴 C **有纤维积**.

纤维积如果存在的话，则在同构的意义下是唯一的. 若一个范畴 C 具有纤维积和终对象，则积 $X \times Y$ 就是纤维积 $X \times_{1_C} Y$. 在范畴 **Sets** 中，纤维积 $X \times_Z Y$ 就是 X 与 Y 的笛卡尔积中由有序对 $(x，y)$ 所构成的子集，其中 x 与 y 在 Z 中有相同的象. 如果映射 $X \to Z$，$Y \to Z$ 为自然包含，此时该集合就是 X 与 Y 的交集.

定义 2.1.14　设 $(A_i)_{i \in I}$ 为范畴 C 中的一族对象. A_i 的 **余积**或**融合和**，简称**和**，是指一对内容 $(S，(f_i)_{i \in I})$，包含一个对象 S 以及一族态射 $\{f_i : A_i \to S\}$ 满足如下性质：给定一族态射 $\{g_i : A_i \to C\}$，存在唯一的态射 $\gamma : S \to C$，使得 $\gamma \circ f_i = g_i$ 对所有 $i \in I$ 成立. $(A_i)_{i \in I}$ 的余积记为 $\coprod_{i \in I} A_i$.

余积如果存在，则在同构的意义下是唯一的. 在集合范畴（集合以及集合间的映射）中，A_i 的和就是它们的不交并.

定义 2.1.15　如果任意有限个对象在 C 中的和存在，则我们称范畴 C

存在有限和.

空对象族的和存在当且仅当 $\mathcal{C}$ 有始对象. 若 I 是有限集, 设 $I = \{i_1,\ i_2,\ \cdots,\ i_n\}$, 我们用 $A_{i_1} \amalg A_{i_2} \amalg \cdots \amalg A_{i_n}$ 代替 $\coprod_{i \in I} A_i$, 来表示它们的和.

定义 2.1.16 对 $\mathcal{C}$ 中的一个态射 $u : X \to Y$, 如果存在一个态射 $q_2 : Z \to Y$, 使得 Y 以及 $q_1 = u$ 和 q_2 是 X 与 Z 的和（或余积）, 则 u 被称为 X 与 Y 的一个**直和被加数的同构**.

定义 2.1.17 设 X, Y 是范畴 $\mathcal{C}$ 中的对象, 且 $u,\ v : X \to Y$ 为态射. 如果 $e : E \to X$ 是 $\mathcal{C}$ 中的态射, $u \circ e = v \circ e$ 且 $(E,\ e)$ 满足如下泛性质: 对 $\mathcal{C}$ 中任一满足 $u \circ f = v \circ f$ 的态射 $f : W \to X$, 存在唯一的态射 $\phi : W \to E$, 使得 $f = e \circ \phi$, 则我们称 $(E,\ e)$ 是 $(u,\ v)$ 的一个**等化子**.

与前面纤维积的情况相同, 等化子如果存在的话, 则在同构的意义下是唯一的. 在范畴 **Sets** 中, $A \underset{g}{\overset{f}{\rightrightarrows}} B$ 的等化子就是 A 的子集 $\{a \in A \mid f(a) = g(a)\}$ 以及包含映射. 关于等化子, 我们有如下性质:

性质 2.1.1 若 $(E,\ e)$ 是 $X \underset{g}{\overset{f}{\rightrightarrows}} Y$ 的一个等化子, 则 $(E,\ e)$ 是 X 的一个子对象. $X \underset{g}{\overset{f}{\rightrightarrows}} Y$ 的任意两个等化子是 X 的同构的子对象.

性质 2.1.2 若 $(E,\ e)$ 是 $X \underset{g}{\overset{f}{\rightrightarrows}} Y$ 的一个等化子, 则下列命题等价:

(1) $f = g$.

(2) $e : E \to X$ 是一个同构.

(3) $e : E \to X$ 是一个满态射.

对于性质2.1.1和2.1.2的证明, 读者请参见文献 [5] (第 6 章命题 16.7).

2.1.4 群作用的商

定义 2.1.18 设 Y 是范畴 $\mathcal{C}$ 中的一个对象, $G \subset \mathrm{Aut}_{\mathcal{C}}(Y)$ 为 Y 在 $\mathcal{C}$ 中自同构群的一个有限子群. Y **关于 G 的商**是指 $\mathcal{C}$ 中的一个对象, 记为 Y/G,

以及态射 $\rho: Y \to Y/G$, 使得 $\rho \circ \sigma = \rho$ 对所有 $\sigma \in G$ 成立, 且 $(Y/G, \rho)$ 具有如下泛性质: 若 Z 是 $\mathcal{C}$ 中的一个对象且态射 $f: Y \to Z$ 满足对所有 $\sigma \in G$, $f \circ \sigma = f$, 则存在唯一的一个态射 $g: Y/G \to Z$, 使得 $f = g \circ \rho$.

例 2.1.3　对有限集合范畴 Sets 中的任一对象 Y, 有限子群 $G \subset$ $\mathrm{Aut}_{\mathbf{Sets}}(Y)$ 作用于 Y, 且 Y/G 即为由 Y 的 G-轨道所构成的集合.

2.1.5　伽罗瓦范畴的定义

定义 2.1.19　设 $\mathcal{C}$ 是一个范畴, F 是一个由 $\mathcal{C}$ 到有限集合范畴 Sets 的共变函子. 如果 $\mathcal{C}$ 和 F 满足以下六个公设, 则我们称 $\mathcal{C}$ 是一个具有**基本函子** F **的伽罗瓦范畴**.

(G1) $\mathcal{C}$ 存在一个终对象, 且任意两个对象关于第三个对象的纤维积在 $\mathcal{C}$ 中存在.

(G2) $\mathcal{C}$ 中存在有限和, 特别地, 始对象以及 $\mathcal{C}$ 中任意对象关于其自同构群的有限子群的商存在.

(G3) $\mathcal{C}$ 中的任意态射 $X \overset{u}{\longrightarrow} Y$ 都可分解为图 2.6 所示形式.

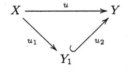

图 2.6

图 2.6 中, u_1 是满态的, u_2 是单态的, 且对 $\mathcal{C}$ 中的某个对象 Y_2, $Y = Y_1 \amalg Y_2$.

(G4) 函子 F 将终对象映成终对象且与纤维积可交换.

(G5) 函子 F 与有限和及商 (见定义2.1.18) 可交换, 且将满态射映成满态射.

(G6) 若 $\mathcal{C}$ 中的态射 u 满足 $F(u)$ 是一个同构, 则 u 也是一个同构.

容易验证, 范畴 Sets 及恒等函子构成一个伽罗瓦范畴.

2.1.6 基本函子的自同构群

设 $\mathcal{C}$ 是一个具有基本函子 F 的伽罗瓦范畴，F 的一个自同构是一个可逆的自然变换 $F \to F$. 也就是说，F 的一个自同构 σ 是一族双射 $\sigma_X:$ $F(X) \to F(X)$，对任一 $X \in \mathrm{Ob}(\mathcal{C})$，使得对任意 $\mathcal{C}$ 中的态射 $Y \xrightarrow{\;f\;} Z$，图2.7可交换.

$$
\begin{array}{ccc}
F(Y) & \xrightarrow{\;F(f)\;} & F(Z) \\
\sigma_Y \downarrow & & \downarrow \sigma_Z \\
F(Y) & \xrightarrow{\;F(f)\;} & F(Z)
\end{array}
$$

图 2.7

令 $S_{F(X)}$ 表示 $F(X)$ 的置换群，由于 $F(X)$ 是有限集，故 $S_{F(X)}$ 是一个有限群. 由此可得一个自然的单射：

$$
\mathrm{Aut}(F) \lhook\joinrel\longrightarrow \prod_{X \in \mathcal{C}} S_{F(X)},
$$

其定义为 $\sigma \mapsto (\sigma_X)_X$，其中 $\mathrm{Aut}(F)$ 是由函子 F 的所有自同构所构成的群. 这里我们假设 $\mathcal{C}$ 是一个小范畴，即它的所有对象构成一个集合. 对每个 $S_{F(X)}$ 赋予其离散拓扑，并赋予 $\prod\limits_{X \in \mathcal{C}} S_{F(X)}$ 积拓扑，则上述积 $\prod\limits_{X \in \mathcal{C}} S_{F(X)}$ 称为一个投射有限群.

对 $\mathcal{C}$ 中的每个态射 $g : Y \to Z$，我们定义 $\prod\limits_{X \in \mathcal{C}} S_{F(X)}$ 的一个子集如下：

$$
\Gamma_g = \left\{ (\sigma_X) \in \prod_{X \in \mathcal{C}} S_{F(X)} \;\middle|\; \sigma_Z F(g) = F(g) \sigma_Y \right\}.
$$

Γ_g 是积空间中的闭集，这是因为其元素中只有两个坐标有条件限制，则

$$
\mathrm{Aut}(F) = \bigcap_{g : Y \to Z} \Gamma_g
$$

是投射有限群 $\prod\limits_{X \in \mathcal{C}} S_{F(X)}$ 的一个闭子群，从而也是投射有限群. 我们将范畴 $\mathcal{C}$ 用一个与之等价的范畴替换，前面的分析过程仍然是有效的，因此当

$\mathcal{C}$ 是一个本质小而非小范畴时, 结论也成立.

令 $\pi = \mathrm{Aut}(F)$, π 在 $F(X)$ 的一个自然作用为 $\sigma \cdot t = \sigma_X(t)$, 对任意 $X \in \mathrm{Ob}(\mathcal{C})$, $\sigma \in \mathrm{Aut}(F)$, $t \in F(X)$, 上述作用的核为

$$
\begin{aligned}
\mathrm{Ker}(\pi) &= \Big\{ \sigma \in \pi \ \Big| \ \sigma t = t, \ \forall\, t \in F(X) \Big\} \\
&= \pi \cap \Big\{ (\sigma_Y) \in \prod_{Y \in \mathcal{C}} S_{F(Y)} \ \Big| \ \sigma_X(t) = t, \ \forall\, t \in F(X) \Big\} \\
&= \pi \cap \prod_{Y \in \mathcal{C}} U_Y,
\end{aligned}
$$

其中, 对于 $Y \neq X$, $U_Y = S_{F(Y)}$ 且 $U_X = \{ \sigma_X \in S_{F(X)} \mid \sigma_X(t) = t, \ \forall\, t \in F(X) \}$. 这说明 $\mathrm{Ker}(\pi)$ 是空间 $\prod_{Y \in \mathcal{C}} S_{F(Y)}$ (其拓扑为积拓扑) 中的开集, 因此 π 在 $F(X)$ 上的作用是连续的, 且对 $\forall X \in \mathrm{Ob}(\mathcal{C})$, $F(X)$ 为一个 π-集合.

给定 $\mathcal{C}$ 中的一个同态 $f: Y \to Z$, 对任意 $\sigma \in \pi$, $t \in F(Y)$, 我们有

$$
F(f)(\sigma t) = F(f)(\sigma_Y(t)) = (F(f)\sigma_Y)(t) = (\sigma_Z F(f))(t) = \sigma_Z(F(f)(t)).
$$

这说明 $F(f)$ 与前面定义的 π-作用相容. 我们可以将 F 看成函子 $H : \mathcal{C} \to \pi\text{-}\mathbf{Sets}$ 与忘却函子 $\pi\text{-}\mathbf{Sets} \to \mathbf{Sets}$ (不考虑 $\pi\text{-}\mathbf{Sets}$ 中的群作用, 仅考虑集合以及集合间的映射) 的复合, 其中 $H : \mathcal{C} \to \pi\text{-}\mathbf{Sets}$ 的定义为 $H(X) = F(X)$ 且 $H(f : X \to Y) = (F(f) : F(X) \to F(Y))$. 我们有如下定理:

定理 2.1.1　设 $\mathcal{C}$ 是一个本质小的伽罗瓦范畴, F 是其基本函子, 则下列性质成立:

(a) 上面定义的函子 $H : \mathcal{C} \to \pi\text{-}\mathbf{Sets}$ 是范畴间的等价;

(b) 若 π' 是一个投射有限群, 使得 $H' : \mathcal{C} \to \pi'\text{-}\mathbf{Sets}$ 是一个范畴的等价, 且满足 H 与忘却函子 $\pi'\text{-}\mathbf{Sets} \to \mathbf{Sets}$ 的复合等于基本函子 F, 则 π' 典范同构于 $\pi = \mathrm{Aut}(F)$;

(c) 若 F' 是 $\mathcal{C}$ 的另一个基本函子, 则 F 与 F' 同构;

(d) 若 π' 是一个投射有限群, 使得范畴 $\mathcal{C}$ 与 π'-**Sets** 等价, 则存在一个投射有限群的同构 $\pi' \cong \pi$, 且该同构在 π 的内自同构的意义下是典范确定的.

该定理的证明将在2.2节完成. 下面我们来证明, 当 X 是一个连通的拓扑空间时, 其有限覆盖范畴 $\mathbf{Cov}(X)$ (见例2.1.1) 是一个伽罗瓦范畴. 同时我们也将完成定理 1.2.1 的证明.

2.1.7　有限覆盖

设 X 是一个拓扑空间, $x \in X$, $\mathbf{Cov}(X)$ 为 X 的有限覆盖范畴. 函子 $F_x : \mathbf{Cov}(X) \to \mathbf{Sets}$ 的定义为 $F(f : X \to Y) = f^{-1}(x)$. 下面我们证明, 若 X 是连通的, 则 $\mathbf{Cov}(X)$ 是一个伽罗瓦范畴, 其基本函子为 F_x. 定理 1.2.1 可由定理 2.1.1 推出. 我们需要逐一验证定义2.1.19 中的公设 (G1) $\sim$ (G6). 下面先给出几个引理.

引理 2.1.2　设 X, Y, Z 为拓扑空间, $f : Y \to X$, $g : Z \to X$ 为 X 的有限覆盖, $h : Y \to Z$ 是连续映射且满足 $f = gh$, 则对任意 $x \in X$, 存在 x 的一个开邻域 U, 使得 f, g 和 h 在 U 上是平凡的, 即存在有限离散集合 D, E, 同胚映射 $\alpha : f^{-1}(U) \to U \times D$, $\beta : g^{-1}(U) \to U \times E$ 以及映射 $\phi : D \to E$ 使得图2.8为交换图. 图中映射 $U \times D \to U$ 及 $U \times E \to U$ 均为到第一个坐标的投影.

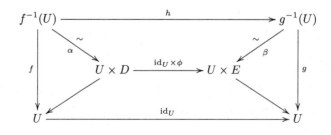

图 2.8

证明: 由性质1.2.1, 存在 x 的邻域 V' 和 V'', 有限离散集合 D 和 E,

以及同胚映射 $\alpha : f^{-1}(V') \to V' \times D$ 和 $\beta : g^{-1}(V'') \to V'' \times E$，使得图2.9中的两个图均为可交换的.

图 2.9

首先，令 $V = V' \cap V''$，我们有图2.10为可交换的，从而得到一个连续映射 $\beta h \alpha^{-1} : V \times D \to V \times E$. 该映射保持到 V 上的投影，故有序对 $(v,\, d) \in V \times D$ 在该映射下的象为 $(v,\, \phi_v(d)) \in V \times E$，其中 $\phi_v(d)$ 为 E 中的某个元素.

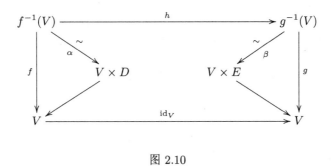

图 2.10

对任意给定的 v，前面的过程定义了如下映射：

$$\phi_v : D \to E,\ d \mapsto \phi_v(d).$$

令 $\phi = \phi_x$，两个映射 $V \times D \longrightarrow D \overset{\phi}{\longrightarrow} E$ 与 $V \times D \overset{\beta h \alpha^{-1}}{\longrightarrow} V \times E \longrightarrow E$ 结合起来可得到一个连续映射：

$$V \times D \to E \times E,\ (v,\, d) \mapsto (\phi(d),\, \phi_v(d)).$$

上述映射下，$\{x\} \times D$ 的象集包含在笛卡尔积 $E \times E$ 的对角线中. 由于对角线为笛卡尔积中的开集, 故在 $V \times D$ 中, 存在 $\{x\} \times D$ 的一个邻域, 使得该邻域在上面映射下的象集也包含在对角线中. 又由于 D 是有限集, 可适当选取该邻域使其具有 $U \times D$ 的形式, 其中 U 是 x 在 X 中的邻域. 用 U 替代 V 即可证明引理2.1.2. □

注 2.1.1　由引理2.1.2可知, 当该引理的条件满足时, $h : Y \to Z$ 也是一个有限覆盖. 这是因为 $U \times D \xrightarrow{\mathrm{id}_U \times \phi} U \times E$ 是一个平凡覆盖.

下面的引理称为 **粘接引理** (gluing lemma), 其证明请读者参见文献 [1](第 4 章第 4.2 节).

引理 2.1.3　设 $X = A \cup B$, 其中 A, $B \subseteq X$ 为闭集. 若映射 $f : X \to Y$ 分别限制在 A 与 B 上都是连续的, 则 f 在 X 上连续.

引理 2.1.4　设 X 是一个拓扑空间且 $f : Y \to X$ 为一个有限覆盖, 则 f 是既开又闭的.

证明: 该引理可在拓扑空间 X 上局部验证, 因此不妨设 $f : Y \to X$ 是一个平凡覆盖, 即 $Y \cong X \times D$ 对某个离散的有限集 D 成立. 任取开集 $U \subseteq Y$ 以及 $\forall x \in f(U)$, 记 $U = U_1 \amalg U_2 \amalg \cdots \amalg U_n$, 其中 $n = |D|$ 为集合 D 的基数, 且 U_i 为 X 中的开集, $i = 1$, 2, $\cdots$, n, 则 $V = \bigcap_{i=1}^{n} U_i$ 是 x 的一个邻域且 $V \subseteq f(U)$. 这就证明了 f 是开映射. 类似可证 f 是闭映射. □

引理 2.1.5　设 X 是一个拓扑空间. 若 $g : Y \to Z$, $h : W \to Z$ 是 $\mathcal{C}$ 中的态射, 则它们的纤维积 $Y \times_Z W$ 是 X 的一个有限覆盖, 其中

$$Y \times_Z W = \Big\{ (y, w) \in Y \times W \ \Big| \ g(y) = h(w) \text{ in } Z \Big\},$$

证明: 任取 $x \in X$, 则存在 x 的一个邻域 U, 使得覆盖 $Y \to X, Z \to X$ 以及映射 $g : Y \to Z$ 是平凡的 (在引理2.1.2的意义下). 我们可以选取足够小的邻域 U, 使得覆盖 $W \to X$ 及映射 $h : W \to Z$ 在 U 上也是平凡的, 可得到图2.11是可交换的.

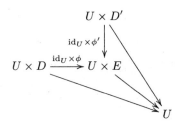

图 2.11

此时, 纤维积 $Y \times_Z W$ 的局部就是 $U \times (D \times_E D')$, 其中 $D \times_E D'$ 为范畴 **Sets** 中 $\phi: D \to E$ 与 $\phi': D' \to E$ 的纤维积. 显然, $U \times (D \times_E D') \to U$ 是一个平凡覆盖. 故由性质1.2.1, $Y \times_Z W$ 是 **Cov**(X) 中的对象. □

引理 2.1.6　设 X 是一个拓扑空间, $h: Y \to Z$ 为 **Cov**(X) 中的态射, 则 h 是单射当且仅当它是单态的, h 是满射当且仅当它是满态的.

证明: 由引理2.1.4可知, $h(Y)$ 在 Z 中是既开又闭的.

(1) h 是单射当且仅当它是单态射的证明.

必要性的证明: 设 h 为单射. 若对范畴 **Cov**(X) 中的任一对象 W 以及态射 φ_1, $\varphi_2: W \to Y$, 使得 $h\varphi_1 = h\varphi_2$, 则有

$$h\varphi_1(w) = h\varphi_2(w), \ \forall\, w \in W.$$

由于 h 为单射, 故对 $\forall\, w \in W$, $\varphi_1(w) = \varphi_2(w)$, 从而 $\varphi_1 = \varphi_2$, 即 h 是单态的.

充分性的证明: 设 h 是 **Cov**(X) 中的一个单态射. 考虑图2.12所示的交换图, 由 h 是单态的可得 $p_1 = p_2$.

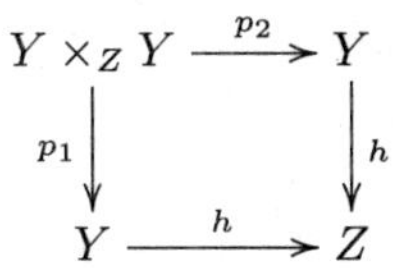

$$
\begin{array}{ccc}
Y \times_Z Y & \xrightarrow{\ p_2\ } & Y \\
{\scriptstyle p_1}\downarrow & & \downarrow{\scriptstyle h} \\
Y & \xrightarrow{\ h\ } & Z
\end{array}
$$

图 2.12

若存在 y_1, $y_2 \in Y$，使得 $h(y_1) = h(y_2)$，则 $(y_1, y_2) \in Y \times_Z Y$. 故有 $y_1 = p_1(y_1, y_2) = p_2(y_1, y_2) = y_2$，这说明 h 为单射.

(2) h 是满射当且仅当它是满态射的证明.

必要性的证明：首先假设 h 是满射，再假设下面两个复合映射

$$Y \xrightarrow{\ h\ } Z \underset{\beta}{\overset{\alpha}{\rightrightarrows}} W$$

满足 $\alpha \circ h = \beta \circ h$. 由于对任意 $z \in Z$，存在 $y \in Y$，使得 $h(y) = z$，因此 $\alpha(z) = \alpha h(y) = \beta h(y) = \beta(z)$，即 $\alpha = \beta$，从而可得 h 为满态的.

充分性的证明：现假设 h 是一个满态射. 令

$$Z_0 = \{z \in Z \ : \ |h^{-1}(z)| = 0\}, \ Z_1 = Z - Z_0$$

为 Z 的两个子集，其中 $|h^{-1}(z)|$ 表示集合 $h^{-1}(z)$ 的基数，则 $Z_1 = h(Y)$ 是 Z 的既开又闭的子空间，故下面的两个复合映射相等：

$$Y \xrightarrow{\ h\ } Z = Z_0 \amalg Z_1 \rightrightarrows Z_0 \amalg Z_0 \amalg Z_1.$$

由于 h 是满态的，故两个自然映射 $Z = Z_0 \amalg Z_1 \rightrightarrows Z_0 \amalg Z_0 \amalg Z_1$ 相等，从而有 $Z_0 = \varnothing$，因此 h 为满射. $\qquad\qquad\square$

下面我们将逐一验证定义2.1.19中的公设 (G1) $\sim$ (G6)，从而证明当 X 为连通空间时，范畴 $\mathbf{Cov}(X)$ 与本小节开头定义的函子 F_x 是一个伽罗瓦范畴.

公设 (G1) 的验证：

• 显然，平凡覆盖 $\mathrm{id}_X : X \to X$ 是范畴 $\mathbf{Cov}(X)$ 中的一个终对象.

• 由引理2.1.5，范畴 $\mathbf{Cov}(X)$ 中的任意两个对象关于第三个对象的纤维积存在.

公设 (G2) 的验证：

• $f_i : X_i \to X\ (\in I)$ 的有限和就是 $f : \coprod_{i \in I} X_i \to X$，其中 $\coprod_{i \in I} X_i$ 为 X_i 的不交并（其拓扑为一般拓扑），且 $f|_{X_i} = f_i$. 由粘接引理（见引

理2.1.3) 可得，$\coprod_{i \in I} X_i$ 是 X 的一个有限覆盖.

- 始对象为空覆盖 $f : \varnothing \to X$.

- 设 $p : Y \to X$ 是一个覆盖，G 为该覆盖在范畴 $\mathbf{Cov}(X)$ 中的自同构群的一个有限子群，则 p 关于 G 的商就是 Y 在 G 的作用下的轨道构成的集合，其拓扑为商拓扑. 显然，商空间是 X 的一个有限覆盖.

公设 (G3) 的验证:

设 $h : Y \to Z$ 为 $\mathbf{Cov}(X)$ 中的一个态射，可将 h 做如图 2.13 所示的分解:

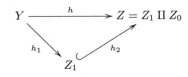

图 2.13

图中 Z_1，Z_0 如引理2.1.6 (2) 的证明中的含义，则 h_1 是满态的，h_2 为单态的.

公设 (G4) 的验证:

- $F_x(\mathbf{1}_{\mathbf{Cov}(X)}) = F_x(\mathrm{id}_X : X \to X) = \mathrm{id}_X^{-1}(x) = \{x\} = \mathbf{1}_{\mathbf{Sets}}$.

- 假设图2.14是可交换的，则

$$
\begin{aligned}
F_x(Y \times_Z W) &= (fgp_1)^{-1}(x) = (f_1 p_1)^{-1}(x) \\
&= \{(y,\ w) \mid h(w) = g(y),\ f_1 p_1(y,\ w) = f_2 p_2(y,\ w) = x\} \\
&= \{(y,\ w) \mid h(w) = g(y),\ f_1(y) = f_2(w) = x\} \\
&= \{f_1^{-1}(x)\} \times_{\{f^{-1}(x)\}} \{f_2^{-1}(x)\} \\
&= F_x(Y) \times_{F_x(Z)} F_x(W).
\end{aligned}
$$

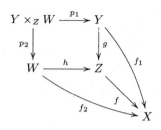

图 2.14

公设 (G5) 的验证:

- 首先我们证明 F_x 与有限和可交换.

$$F_x(f : X_1 \amalg X_2 \amalg \cdots \amalg X_n \to X)$$

$$= f^{-1}(x)$$

$$= \{x_1 \in X_1 \mid f(x_1) = x\} \amalg \cdots \amalg \{x_n \in X_n \mid f(x_n) = x\}$$

$$= \{x_1 \in X_1 \mid f_1(x_1) = x\} \amalg \cdots \amalg \{x_n \in X_n \mid f_n(x_n) = x\}$$

$$= \{f_1^{-1}(x)\} \amalg \cdots \amalg \{f_n^{-1}(x)\}$$

$$= F_x(X_1) \amalg \cdots \amalg F_x(X_n).$$

- 由于在范畴 **Cov**(X) 和 **Sets** 中, 满态射均等价于满射, 显然有 F_x 将满态射映成满态射.

- 下面我们证明 F_x 与商可交换.

$$F_x(p_G : Y/G \to X) = p_G^{-1}(x) = \{Gy \mid p_G(Gy) = x\}$$

$$= \{Gy \mid p(y) = x\}$$

$$= \{y \in Y \mid p(y) = x\}/G$$

$$= F_x(Y)/G.$$

公设 (G6) 的验证:

设 X 是连通的. 令 $Y \overset{h}{\longrightarrow} Z$ 为 **Cov**(X) 中的一个态射, 则 $F_x(h)$ 就

是 h 在 x 在 Y 中的纤维上的限制. 该映射为双射当且仅当引理2.1.2中定义的映射 ϕ 是双射. 令

$$X_1 = \{x \in X \mid F_x(h) \text{ 是双射}\}, \quad X_2 = \{x \in X \mid F_x(h) \text{ 不是双射}\}.$$

由引理2.1.2可知，X_1 与 X_2 均为 X 中的开集. 由于 X 是连通的且 $F_x(h)$ 是同构的，故 $X_1 \neq \varnothing$. 因此 $X_1 = X$ 且 h 为双射. 由引理2.1.4，h 为开映射，从而 h 是 $\mathbf{Cov}(X)$ 中的一个同构.

现在，我们已经证明了当 X 连通时，$\mathbf{Cov}(X)$ 是一个伽罗瓦范畴. 由于每个有限覆盖 $Y \to X$ 等价于一个其集合为 $X \times \mathbb{Z}$ 的子集的覆盖，故范畴 $\mathbf{Cov}(X)$ 为本质小的. 故定理 1.2.1 可由定理 2.1.1 推断出.

2.2 定理的证明

本节我们将给出定理 2.1.1 的详细证明过程.

在后面的证明过程中，我们将会看到，定义 2.1.19 中的公设 (G1) $\sim$ (G6) 都会起到重要的作用. 首先，我们给出某些公设的等价叙述，并给出伽罗瓦范畴及其基本函子的一些性质. 我们将按照下面的步骤给出定理 2.1.1 的证明.

(1) 我们证明一个伽罗瓦范畴是阿廷的 (artinian，详见定义 2.2.1、引理 2.2.4).

(2) 我们证明一个伽罗瓦范畴的基本函子是严格射可表示的 (strictly pro-representable，详见定义 2.2.2、引理 2.2.9).

(3) 我们给出连通对象的定义及性质 (详见定义 2.2.3、引理 2.2.10).

(4) 我们讨论伽罗瓦对象及其性质 (详见定义 2.2.4、引理 2.2.11).

(5) 我们构造定理要求的投射有限群 π.

2.2.1　伽罗瓦范畴及其基本函子的性质

引理 2.2.1　设 $\mathcal{C}$ 是一个范畴, 则 $\mathcal{C}$ 满足公设 (G1) 的充分必要条件是 $\mathcal{C}$ 中存在等化子及有限积.

证明: 先证必要性. 假设范畴 $\mathcal{C}$ 满足公设 (G1). 由于 $\mathcal{C}$ 中的纤维积与终对象存在, 故有限积存在 (见定义2.1.13下面的叙述). 现设 $Y \underset{v}{\overset{u}{\rightrightarrows}} Z$ 为 $\mathcal{C}$ 中的两个态射, 我们可得到图2.15是可交换的.

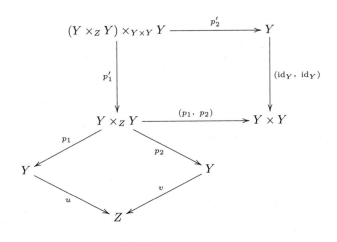

图 2.15

对任意对象 $W \in \mathrm{Ob}(\mathcal{C})$ 及任意态射 $W \overset{f}{\longrightarrow} Y$, 若 $uf = vf$, 则存在唯一的态射 $\alpha : W \to Y \times_Z Y$, 使得 $p_1\alpha = p_2\alpha = f$. 这说明 $(p_1,\ p_2)\alpha = (f,\ f) = (\mathrm{id}_Y,\ \mathrm{id}_Y)f$. 由泛性质可知, 存在唯一的态射 $\phi : W \to (Y \times_Z Y) \times_{Y \times Y} Y$, 使得图2.16可交换.

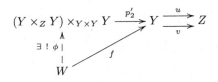

图 2.16

因而 $(Y \times_Z Y) \times_{Y \times Y} Y$ 即为态射 $Y \overset{u}{\underset{v}{\rightrightarrows}} Z$ 的等化子.

下面证充分性. 假设范畴 $\mathcal{C}$ 中存在等化子及有限积. 对空指标集作有限积,可得一个终对象. 设 $X \overset{f}{\longrightarrow} Z$ 与 $Y \overset{g}{\longrightarrow} Z$ 为 $\mathcal{C}$ 中的态射. 令 p, q 分别为积 $X \times Y$ 到两个坐标的典范投射,即 $X \times Y \overset{p}{\longrightarrow} X$, $X \times Y \overset{q}{\longrightarrow} Y$. 令 (E, e) 为态射 $X \times Y \overset{fp}{\underset{gq}{\rightrightarrows}} Z$ 的等化子. 对任意对象 W 及态射 α: $W \to X \times Y$, 若 $fp\alpha = gq\alpha$, 则存在唯一的态射 $\phi : W \to E$, 使得 $\alpha = e\phi$. 我们可得到图2.17是可交换的.

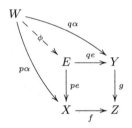

图 2.17

由定义2.1.12可知, E 就是纤维积 $X \times_Z Y$. □

注 2.2.1　设 $\mathcal{C}$ 是一个满足公设 (G1) 的范畴, F 是一个由范畴 $\mathcal{C}$ 到有限集合范畴 **Sets** 的共变函子. 由引理2.2.1 可得, 范畴 $\mathcal{C}$ 满足公设 (G4) 当且仅当 F 与等化子及有限积可交换.

推论 2.2.1　设 $\mathcal{C}$ 是一个伽罗瓦范畴且 F 为其基本函子, 则 $\mathcal{C}$ 存在有限积与等化子, 且函子 F 与有限积及等化子可交换.

引理 2.2.2　设范畴 $\mathcal{C}$ 及函子 $F : \mathcal{C} \to \textbf{Sets}$ 满足公设 (G1)、(G4) 和 (G6), 再设 $f : Y \to X$ 为 $\mathcal{C}$ 中的一个态射, 则

(a) f 是单态的当且仅当到第一个坐标的投射 $p_1 : Y \times_X Y \to Y$ 是一个同构.

(b) f 是满态的当且仅当 $F(f)$ 是单态的.

证明: (a) 必要性的证明:首先假设 f 是一个单态射, 我们有图2.18中

的两个交换图.

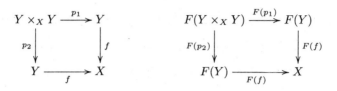

图 2.18

由于 f 是单态的, 故 $p_1 = p_2$, 从而 $F(p_1) = F(p_2)$. 由公设 (G4) 可得

$$
\begin{aligned}
F(Y \times_X Y) &= F(Y) \times_{F(X)} F(Y) \\
&= \{(x,\ y) \mid F(f)(x) = F(f)(y)\}.
\end{aligned}
$$

对任意 $(x,\ y) \in F(Y \times_X Y)$, 我们有

$$
x = F(p_1)(x,\ y) = F(p_2)(x,\ y) = y.
$$

由 $F(Y) \overset{\Delta}{\hookrightarrow} F(Y \times_X Y)$, 可得 $F(p_1)$ 是双射, 故其为范畴 **Sets** 中的同构. 由公设 (G6) 可知 p_1 也为一个同构.

充分性的证明: 现在假设 p_1 是 $\mathcal{C}$ 中的一个同构. 由公设 (G4) 及 (G6) 易知, p_2 也是一个同构. 由交换图2.19可得 $\Delta = p_1^{-1} = p_2^{-1}$.

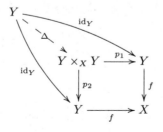

图 2.19

设有两个态射 $Z \overset{h}{\underset{g}{\rightrightarrows}} Y$ 满足 $fh = fg$, 则存在唯一的态射 $\phi : Z \to$

$Y \times_X Y$，使得图2.20可交换，从而 $g = p_2\phi = p_2(\Delta h) = (p_2\Delta)h = h$，即 f 为单态的.

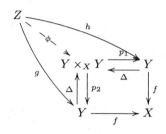

图 2.20

(b) 可由 (a) 直接证得. □

引理 2.2.3 设 $\mathcal{C}$ 是一个范畴，$Y \xrightarrow{f} X \xleftarrow{f'} Y'$ 为 $\mathcal{C}$ 中的态射，且它们的纤维积 $Y \times_X Y'$ 存在. 若 $Y \xrightarrow{f} X$ 是单态的，则 $Y \times_X Y' \xrightarrow{p_2} Y'$ 也是单态的.

证明： 对 $\mathcal{C}$ 中的任意对象 Z 以及态射 $Z \underset{h}{\overset{g}{\rightrightarrows}} Y \times_X Y'$，若 $p_2h = p_2g$，则 $f'p_2h = f'p_2g$. 由于 $f'p_2 = fp_1$，故 $fp_1h = fp_1g$，从而 $p_1h = p_1g$. 因此我们可得到交换图2.21.

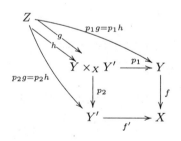

图 2.21

由纤维积的泛性质可得 $g = h$，从而 p_2 是单态的. 事实上，复合态射 $Y \times_X Y' \xrightarrow{p_2} Y' \xrightarrow{f'} X$ 也是单态的. □

定义 2.2.1 对一个范畴 $\mathcal{C}$，如果 $\mathcal{C}$ 中任意下降的单态射序列

$$X_1 \xleftarrow[j_1]{} X_2 \xleftarrow[j_2]{} X_3 \xleftarrow[j_3]{} \cdots$$

是稳定的，即存在一个正整数 n_0 使得对所有 $n \geq n_0$，j_n 为一个同构，则我们称范畴 $\mathcal{C}$ 是**阿廷的** (artinian).

引理 2.2.4 伽罗瓦范畴是阿廷的.

该引理可由公设 (G6) 及引理2.2.2得到. 需注意的是，每个 $F(X_i)$ 是有限的.

设 A 是 $\mathcal{C}$ 中的一个对象且 $a \in F(A)$. 对任意对象 X，存在一个由 a 诱导的映射 $\mathrm{Mor}_{\mathcal{C}}(A, X) \to F(X)$，该映射将 $f \in \mathrm{Mor}_{\mathcal{C}}(A, X)$ 映为 $F(f)(a)$.

定义 2.2.2 设 $\mathcal{C}$ 是一个范畴且 F 是 $\mathcal{C}$ 上的一个集值共变函子. 如果存在一个有向集 I，一个由 $\mathcal{C}$ 中对象构成的射影系 $(A_i, \varphi_{ij})_{i \in I}$ 以及元素 $a_i \in F(A_i)$，满足以下两个条件：

(i) 当 $j \geq i$ 时，$a_i = F(\varphi_{ij})(a_j)$；

(ii) 对任意 $X \in \mathrm{Ob}(\mathcal{C})$，由 a_i 诱导的自然映射

$$\varinjlim_{i \in I} \mathrm{Mor}_{\mathcal{C}}(A_i, X) \longrightarrow F(X)$$

为双射，那么我们称 F 是**射可表示的**. 此外，如果 φ_{ij} 是 $\mathcal{C}$ 中的满态射，我们称 F 是**严格射可表示的**.

设 $\mathcal{C}$ 是一个本质小的伽罗瓦范畴，F 为它的一个基本函子. 不失一般性，我们假设 $\mathcal{C}$ 是小范畴. 下面考虑由有序对 (X, a) 构成的集合 J，其中 X 为 $\mathcal{C}$ 中的对象且 $a \in F(X)$. 在 J 上定义一个关系如下：

$$(X, a) \geq (X', a') \iff \exists f \in \mathrm{Mor}_{\mathcal{C}}(X, X') \text{ 使得} a' = F(f)(a).$$

当 f 已知时，上述关系可记为 $(X, a) \underset{f}{\geq} (X', a')$. 由于 $(X, a) \underset{\mathrm{id}_X}{\geq} (X, a)$

且

$$(X,\ a) \underset{f}{\geqslant} (Y,\ b),\ (Y,\ b) \underset{g}{\geqslant} (Z,\ c) \Rightarrow (X,\ a) \underset{gf}{\geqslant} (Z,\ c),$$

则上述关系具有自反性与传递性. 事实上, 它可能不具有反对称性, 因此它不是 J 上的一个偏序. 但稍后我们可以证明它是 J 的子集上的一个偏序.

如果对任意 $(Y,\ b) \underset{j}{\geqslant} (X,\ a)$ 且 j 是 $\mathcal{C}$ 中的单态射, 可以得到 j 是一个同构, 我们称 J 中的有序对 $(X,\ a)$ 是**极小的**. 令 I 表示 J 的由其所有极小对构成的子集. 下面的引理说明在 J 中极小对是存在的.

引理 2.2.5　对任意 $(Y,\ b) \in J$, 存在 $(X,\ a) \in I$ 使得 $(X,\ a) \geqslant (Y,\ b)$.

这个引理可由 $\mathcal{C}$ 是阿廷的性质 (引理2.2.4) 得到.

引理 2.2.6　若 $(X,\ a) \in I$ 且 $(Y,\ b) \in J$, 则满足 $(X,\ a) \underset{u}{\geqslant} (Y,\ b)$ 的态射 $u \in \mathrm{Mor}_{\mathcal{C}}(X,\ Y)$ 是唯一的.

证明: 假设存在 $u_1,\ u_2 \in \mathrm{Mor}_{\mathcal{C}}(X,\ Y)$ 使得 $(X,\ a) \underset{u_1}{\geqslant} (Y,\ b)$ 与 $(X,\ a) \underset{u_2}{\geqslant} (Y,\ b)$ 成立, 则由公设 (G1) 及引理 2.2.1, 态射 $X \underset{u_2}{\overset{u_1}{\rightrightarrows}} Y$ 的等化子 $(E,\ e)$ 存在, 我们有

$$E \overset{e}{\hookrightarrow} X \underset{u_2}{\overset{u_1}{\rightrightarrows}} Y, \qquad F(E) \overset{F(e)}{\hookrightarrow} F(X) \underset{F(u_2)}{\overset{F(u_1)}{\rightrightarrows}} F(Y).$$

由注 2.2.1可知,$(F(E),\ F(e))$ 就是 $(F(u_1),\ F(u_2))$ 的等化子. 由 $F(u_1)(a) = F(u_2)(a) = b$, 可得 $a \in F(E)$, 即 $(E,\ a) \underset{e}{\geqslant} (X,\ a)$, 其中 e 是一个单态射. 因此 e 是一个同构, 故 $u_1 = u_2$. 　　　　□

有了上面的引理, 现在我们可以证明, 在 I 中元素的同构类集合上, 关系 $\geqslant$ 是反对称的, 从而是 I 上的一个偏序.

引理 2.2.7　$(I,\ \geqslant)$ 是一个有向偏序集.

证明: 只需证明关系 $\geqslant$ 在 I 上是反对称的, 且 I 是有向集.

- 先证反对称性.

假设在 I 中有 $(X, a) \underset{f}{\geqslant} (Y, b)$ 与 $(Y, b) \underset{g}{\geqslant} (X, a)$，则由引理 2.2.6 得 $gf = \mathrm{id}_X$，且 $fg = \mathrm{id}_Y$，从而 (X, a) 与 (Y, b) 在同构的意义下相同.

- 再证 I 是有向集.

事实上，如果 $(X, a), (X', a') \in I$，则由公设 (G4) 以及注 2.2.1，我们有交换图2.22，其中 p 和 p' 为自然投影.

$$
\begin{array}{ccc}
X \times X' & \xrightarrow{p'} & X' \\
{\scriptstyle p}\downarrow & & \\
X & &
\end{array}
\qquad\qquad
\begin{array}{ccc}
F(X \times X') = F(X) \times F(X') & \xrightarrow{F(p')} & F(X') \\
{\scriptstyle F(p)}\downarrow & & \\
F(X) & &
\end{array}
$$

图 2.22

由于 $(a, a') \in F(X \times X')$ 满足 $F(p)(a, a') = a$ 且 $F(p')(a, a') = a'$，故有

$$(X \times X', (a, a')) \underset{p}{\geqslant} (X, a) \text{ 且} (X \times X', (a, a')) \underset{p'}{\geqslant} (X', a').$$

事实上，$(X \times X', (a, a'))$ 可能不在 I 中. 由引理 2.2.5，存在 $(Y, b) \in I$，使得 $(Y, b) \geqslant (X \times X', (a, a'))$，从而 $(Y, b) \geqslant (X, a)$ 且 $(Y, b) \geqslant (X', a')$，故 I 为有向集. $\qquad\square$

引理 2.2.8 若 $(X, a) \in I$，$(Y, b) \in J$ 与 $u \in \mathrm{Mor}_{\mathcal{C}}(Y, X)$ 满足 $(Y, b) \underset{u}{\geqslant} (X, a)$，则 u 是满态的.

证明： 事实上，由公设 (G3)，我们可将 u 做如图 2.23 所示的分解.

图中 u_1 是一个满态射且 u_2 是一个单态射，则有

$$a = F(u)(b) = F(u_2 u_1)(b) = F(u_2)F(u_1)(b),$$

从而有 $a \in X_1$. 这说明 $(X_1, a) \underset{u_2}{\geqslant} (X, a)$，从而 $X_1 \cong X$，可得 u 是满态的. $\qquad\square$

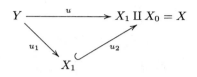

图 2.23

引理 2.2.9 *伽罗瓦范畴 $\mathcal{C}$ 的基本函子 F 是严格射可表示的.*

证明： 记 I 如引理 2.2.5中所述. I 中的一个元素 $i \in I$ 就是 J 中的一个极小对 $(A_i,\ a_i)$. 若 $(A_i,\ a_i) \geqslant (A_j,\ a_j)$, 我们用 φ_{ij} 表示使得 $(A_i,\ a_i) \underset{\varphi_{ij}}{\geqslant} (A_j,\ a_j)$ 成立的唯一的态射. 为方便起见, 我们用 $i \underset{\varphi_{ij}}{\geqslant} j$ 代替 $(A_i,\ a_i) \underset{\varphi_{ij}}{\geqslant} (A_j,\ a_j)$, 则 $(A_i,\ \varphi_{ij})_{i \in I}$ 是一个射影系. 如果在 I 中 $i \underset{\varphi_{ij}}{\geqslant} j$, 则对任意 X, 下面诱导映射的图2.24是可交换的, 故存在映射 $\varinjlim_{i \in I} \mathrm{Mor}_{\mathcal{C}}(A_i,\ X) \longrightarrow F(X)$.

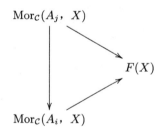

图 2.24

由引理 2.2.5, 该映射为满态射. 此外, 由引理2.2.6, 映射

$$\mathrm{Mor}_{\mathcal{C}}(A_i,\ X) \to F(X): \quad u \mapsto F(u)(a_i)$$

对每个 i 均为单态射, 故前面所得的映射 $\varinjlim_{i \in I} \mathrm{Mor}_{\mathcal{C}}(A_i,\ X) \to F(X)$ 也是单态射. 再由引理 2.2.8, 映射 φ_{ij} 均为满态射, 从而 F 是严格射可表示的. □

下面我们讨论范畴 $\mathcal{C}$ 中的对象 A 满足什么条件时, 可使得有序对

$(A，a) \in I$ 对某个 $a \in F(A)$ 成立.

定义 2.2.3 设 $\mathcal{C}$ 是一个具有始对象的范畴. 对一个对象 X，如果它有且只有两个不同的子对象 $0_{\mathcal{C}} \to X$ 与 $\mathrm{id}_X : X \to X$，则 X 被称为**连通的**. 也就是说，$\mathcal{C}$ 中一个对象 X 是连通的当且仅当 X 在 $\mathcal{C}$ 中不能分解成它的两个非平凡子对象的和，即 $X \neq X_1 \amalg X_2$，其中 $X_1，X_2 \neq 0_{\mathcal{C}}$.

设 $\mathcal{C}$ 是一个伽罗瓦范畴，F 为它的基本函子，使用上面的记号，我们有下面的引理.

引理 2.2.10 (1) $(X，a) \in I$ 当且仅当 X 在 $\mathcal{C}$ 中是连通的.

(2) 若 X 在 $\mathcal{C}$ 中连通，则任意 $u \in \mathrm{Mor}_{\mathcal{C}}(X，X)$ 为一个自同构.

(3) 对任意对象 X，$\mathrm{Aut}(X)$ 在 $F(X)$ 上的作用如下：

$$u \cdot a = F(u)(a)，\quad \forall\, u \in \mathrm{Aut}(X)，\quad \forall\, a \in F(X).$$

若 X 是连通的，则对任意 $a \in F(X)$，如下定义的映射

$$\theta_a : \mathrm{Aut}(X) \to F(X)，\quad u \mapsto F(u)(a) = u \cdot a$$

为单态射.

证明: (1) 先证必要性. 设 $(X，a) \in I$. 假设在 $\mathcal{C}$ 中，我们有 $X = X_1 \amalg X_2$，其中 $X_1，X_2 \neq 0_{\mathcal{C}}$. 由公设 (G5) 可知，$F(X) = F(X_1) \amalg F(X_2)$. 由于 $a \in F(X)$，不妨设 $a \in F(X_1)$，则单态射 $X_1 \overset{j}{\hookrightarrow} X$ 使得 $(X_1，a) \underset{j}{\geqslant} (X，a)$. 由假设，$j$ 不是一个同构，这就与 $(X，a) \in I$ 以及 I 的构造矛盾.

再证充分性. 现在我们设 X 是 $\mathcal{C}$ 中的一个连通对象且 $(X，a) \in J$. 假设有单态射 $j : Y \to X$，使得 $(Y，b) \underset{j}{\geqslant} (X，a)$，由公设 (G3)，可得如图 2.25 所示的一个分解，其中 j_1 是满态的且 j_2 是单态的.

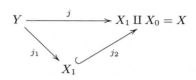

图 2.25

由于 j 是一个单态射，因而 j_1 也是单态的，故 j_1 是 $\mathcal{C}$ 中的一个同构. 由于 X 是连通的，故 j 也是一个同构.

(2) 由于 X 是连通的，用与 (1) 中充分性证明相似的方法，可得 u 是满态的，则由公设 (G5) 可得，$F(u) : F(X) \to F(X)$ 是满态射，从而为双射. 再由公设 (G6) 可知 $u \in \mathrm{Aut}(X)$.

(3) 若 u_1，$u_2 \in \mathrm{Aut}(X)$，且有

$$F(u_1)(a) = \theta_a(u_1) = \theta_a(u_2) = F(u_2)(a),$$

即 $a \in E'$，其中 E' 为映射 $(u_1$，$u_2)$ 的等化子. 设 E 为 $(u_1$，$u_2)$ 的等化子，则由注 2.2.1，$E' = F(E)$，从而 $(E$，$a) \geqslant (X$，$a)$ 且 e 为单态射. 由 (1) 得 $(X$，$a) \in I$，从而 e 是一个同构，即有 $u_1 = u_2$. □

设 X 是一个连通对象，则

$$|\mathrm{Aut}(X)| \leqslant |\mathrm{Mor}_{\mathcal{C}}(X，X)| \leqslant |F(X)|,$$

上式中第二个不等号可由引理 2.2.6 得出，故 $\mathrm{Aut}(X)$ 是有限的.

定义 2.2.4 对于 $\mathcal{C}$ 中的一个连通对象 X，如果对任意 $a \in F(X)$，映射

$$\theta_a : \mathrm{Aut}(X) \to F(X), \quad u \mapsto F(u)(a) = u \cdot a$$

是双射，则我们称象 X 是**伽罗瓦的**.

需要注意的是，下列命题是等价的：

(1) X 是一个伽罗瓦对象.

(2) 群 $\mathrm{Aut}(X)$ 在 $F(X)$ 上的作用是可递的.

(3) X 关于 $\mathrm{Aut}(X)$ 的商 $X/\mathrm{Aut}(X)$ 为终对象 $\mathbf{1}_{\mathcal{C}}$.

(4) $F(X)$ 关于 $\mathrm{Aut}(X)$ 的商 $F(X)/\mathrm{Aut}(X)$ 为单元素集.

由引理 2.2.10可知, 群 $\mathrm{Aut}(X)$ 在 $F(X)$ 上的作用是自由的.

引理 2.2.11 令 $\Lambda = \{(X,\,a) \in I \mid X \text{为伽罗瓦对象}\}$, 则 Λ 在 I 中是共尾的. 也就是说, 对任意 $(Y,\,b) \in I$, 存在 $\mathcal{C}$ 中的一个伽罗瓦对象 X, $a \in F(X)$ 以及一个态射 $u \in \mathrm{Mor}_{\mathcal{C}}(X,\,Y)$, 使得 $(X,\,a) \underset{u}{\geqslant} (Y,\,b)$.

证明: 任取 $(Y,\,b) \in I$, 令 $\{(A_i,\,\varphi_{ij})\}_{i \in I}$ 为引理 2.2.9中描述的投影系, 且有

$$\varinjlim_{i \in I} \mathrm{Mor}_{\mathcal{C}}(A_i,\,Y) \overset{\sim}{\longrightarrow} F(Y).$$

设 $F(Y) = \{b_1,\,b_2,\,\cdots,\,b_r\}$. 由引理 2.2.5, 对任意 $1 \leqslant j \leqslant r$, 存在 $(A_{i_j},\,a_{i_j}) \in I$, 使得 $(A_{i_j},\,a_{i_j}) \geqslant (Y,\,b_j)$. 取足够大的 N, 使得对所有 $1 \leqslant j \leqslant r$, $(A_N,\,a_N) \in I$, 且 $(A_N,\,a_N) \geqslant (Y,\,b_j)$. 故有 $\{u \cdot a_N = F(u)(a_N) \mid u \in \mathrm{Mor}_{\mathcal{C}}(A_N,\,Y)\} = F(Y)$. 故存在态射 $\alpha : A_N \to Y^r = Y \times \cdots \times Y$, 使得

$$A_N \overset{\alpha}{\longrightarrow} Y^r = Y \times \cdots \times Y \overset{p_j}{\longrightarrow} Y,$$

且

$$(A_N,\,a_N) \underset{\alpha}{\geqslant} (Y^r,\,(b_1,\,\cdots,\,b_n)) \underset{p_j}{\geqslant} (Y,\,b_j),$$

其中 p_j 为第 j 个投影 $Y^r \to Y$. 因此元素 $(p_j\alpha) \cdot a_N$, $j = 1,\,2,\,\cdots,\,r$ 恰与 $b_1,\,\cdots,\,b_r$ 对应相等. 由公设 (G3) 可得态射 α 的一个分解如图 2.26 所示, 其中 α_1 是满态的且 β 是单态的.

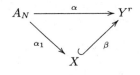

图 2.26

下面我们说明上面分解中的对象 X 是伽罗瓦的.

首先我们证明 X 是连通的. 采用反证法, 假设 $X = X_1 \amalg X_2$, 其中 X_1, $X_2 \neq \mathbf{0}_{\mathcal{C}}$, 则 $a = F(\alpha_1)(a_N) \in F(X) = F(X_1) \amalg F(X_2)$. 不妨设 $a \in F(X_1)$, 由引理 2.2.5, 存在 $(A_M, a_M) \in I$, 使得

$$(A_M, a_M) \underset{\varphi_{MN}}{\geqslant} (A_N, a_N), \quad (A_M, a_M) \underset{\alpha'}{\geqslant} (X_1, a) \underset{\beta'}{\geqslant} (X, a),$$

其中的态射如图2.27所示.

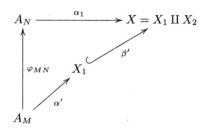

图 2.27

由于 $F(\alpha_1 \circ \varphi_{MN})(a_M) = F(\alpha_1)F(\varphi_{MN})(a_M) = F(\alpha_1)(a_N) = a$, 我们可得到 $(A_M, a_M) \underset{\alpha_1 \circ \varphi_{MN}}{\geqslant} (X, a)$. 故由引理 2.2.6, 可得 $\beta' \circ \alpha' = \alpha_1 \circ \varphi_{MN}$, 即图2.27为交换图. 再结合引理 2.2.8, 可得 $\beta' \circ \alpha'$ 是满态的, 这显然是不可能的, 从而 X 是连通的. 进一步, 由引理 2.2.10, 映射 $\mathrm{Aut}(X) \to F(X)$ 是单射.

令 $a = F(\alpha_1)(a_N)$. 下面我们证明映射 $\theta_a : \mathrm{Aut}(X) \to F(X) : u \mapsto u \cdot a$ 是满射. 任取 $a' \in F(X)$, 取充分大的 N 使得

$$(A_N, a_N) \underset{\alpha_1}{\geqslant} (X, a), \quad \text{且} (A_N, a_N) \underset{\alpha_1'}{\geqslant} (X, a'),$$

则 $(p_j \beta) \cdot a = (p_j \alpha) \cdot a_N$, $1 \leqslant j \leqslant r$ 给出了 $F(Y)$ 的所有不同元素. 因此态射 $p_j \beta$ 是互不相同的. 由引理 2.2.8, α_1' 是满同态, 因而 $p_j \beta \alpha_1'$ 是互不

相同的态射. 故 $(p_j\beta) \cdot a'$ 恰为 $F(Y)$ 的全部元素，即

$$(p_j\beta) \cdot a = (p_j\alpha) \cdot a_N = b_j, \quad j = 1, \ 2, \ \cdots, \ r.$$

令 $b_{\rho(j)} = (p_j\beta) \cdot a'$，可得集合 $\{1, \ 2, \ \cdots, \ r\}$ 的一个置换 ρ'，从而诱导出 Y^r 上的一个自同构 ρ，使得图2.28可交换.

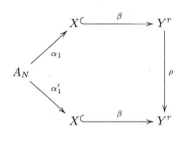

图 2.28

图2.28给出了态射 $\alpha : A_N \to Y^r$ 分解成一个满态射与一个单态射的两种表达式. 而这样的分解在同构的意义下是唯一的，故存在一个同构 $v \in \mathrm{Aut}(X)$，使得 $\alpha'_1 = v\alpha_1$. 进而可得 θ_a 为满射且 X 是伽罗瓦对象时，$(X, \ a) \underset{p_j\beta}{\geqslant} (Y, \ b_j)$ 对所有 $b_j \in F(Y)$ 成立.   □

2.2.2　定理的具体证明

设 $\mathcal{C}$ 是一个小的伽罗瓦范畴，F 为其基本函子. 我们设 F 是一个由投影系 $(A_i, \ \varphi_{ij})_{i \in \Lambda}$ 严格射可表示的，其中，对所有 $i \in \Lambda$，A_i 为 $\mathcal{C}$ 中的伽罗瓦对象.

令 $\pi_i = \mathrm{Aut}(A_i)$，$\theta_i$ 为双射 $\theta_i : \pi_i \to F(A_i)$，$u \mapsto u \cdot a_i$，其中 $a_i \in A_i$ 且 $(A_i, \ a_i) \in \Lambda$. 对于 $j \geqslant i$，定义映射 $\psi_{ji} : \pi_j \to \pi_i$ 为如下的复合：

$$\pi_j \xrightarrow{\theta_j} F(A_j) \xrightarrow{F(\varphi_{ji})} F(A_i) \xrightarrow{\theta_i^{-1}} \pi_i.$$

则对任意 $u \in \pi_j$，我们有

$$\psi_{ji}(u) \cdot a_i \quad = \quad \theta_i(\psi_{ji}(u)) = F(\varphi_{ji})\theta_j(u)$$

$$= \quad F(\varphi_{ji})(u \cdot a_j) = F(\varphi_{ji})F(u)(a_j) = (\varphi_{ji}u) \cdot a_j,$$

从而 $(A_j, \ a_j) \underset{\psi_{ji}(u)\varphi_{ji}}{\geqslant} (A_i, \ b_i)$ 且 $(A_j, \ a_j) \underset{\varphi_{ji}u}{\geqslant} (A_i, \ b_i)$，其中 $b_i = \psi_{ji}(u) \cdot a_i = (\varphi_{ji}u) \cdot a_j$. 由引理 2.2.6，$\psi_{ji}(u)\varphi_{ji} = \varphi_{ji}u$，即图2.29可交换.

$$
\begin{array}{ccc}
A_i & \xrightarrow{\psi_{ji}(u)} & A_i \\
\varphi_{ji}\big\uparrow & & \big\uparrow\varphi_{ji} \\
A_j & \xrightarrow{\;\;u\;\;} & A_j
\end{array}
$$

图 2.29

由此可得 ψ_{ji} 为群同态. 由于每个 φ_{ji} 均是满态的，且 θ_i, θ_j 为双射，由公设 (G5) 可知，任一 ψ_{ji} 均为满射. 因此我们可得到一个有限群的投影系 $(\pi_i, \ \psi_{ji})_{i\in\Lambda}$. 令

$$\pi = \varprojlim_{i\in\Lambda} \pi_i = \{(u_i)_{i\in\Lambda} \in \prod_{i\in\Lambda} \pi_i \ : \ \psi_{ji}(u_j) = u_i \ \text{对所有} j \geqslant i\},$$

则 π 是一个投射有限群，其中空间 $\prod\limits_{i\in\Lambda} \pi_i$ 上的拓扑为积拓扑，且 π 上的拓扑为相对拓扑.

对 $\mathcal{C}$ 中的任意对象 X，群 π_i 在 $\mathrm{Mor}_{\mathcal{C}}(A_i, \ X)$ 上的左作用为 $(\sigma, \ f) \mapsto f\sigma^{-1}$. 任取 $\sigma \in \pi_i$，$f \in \mathrm{Mor}_{\mathcal{C}}(A_i, \ X)$，对于 $j \geqslant i$，令 $\tilde{\sigma}$ 为 π_j 中的一个元素且满足 $\psi_{ji}(\tilde{\sigma}) = \sigma$，从而可得

$$\tilde{\sigma} \cdot (f\varphi_{ji}) = f\varphi_{ji}\tilde{\sigma}^{-1}, \quad (f\sigma^{-1}) \circ \varphi_{ji} = f \circ (\psi_{ji}(\tilde{\sigma}^{-1})\varphi_{ji}) = f\varphi_{ji}\tilde{\sigma}^{-1}.$$

这说明上面定义的群作用与映射 $\pi_j \xrightarrow{\psi_{ji}} \pi_i$ 及 $\mathrm{Mor}_{\mathcal{C}}(A_i, \ X) \xrightarrow{\varphi_{ji}} \mathrm{Mor}_{\mathcal{C}}(A_j, \ X)$ 是相容的，其中 $\widetilde{\varphi_{ji}}$ 是由 φ_{ji} 诱导的映射，$\widetilde{\varphi_{ji}}$ 将 $f \in \mathrm{Mor}_{\mathcal{C}}(A_i, \ X)$ 映射到 $f \circ \varphi_{ji} \in \mathrm{Mor}_{\mathcal{C}}(A_j, \ X)$. 因此，$\pi_i$ 在 $\mathrm{Mor}_{\mathcal{C}}(A_i, \ X)$ 上的作用诱导的在集合 $\varinjlim\limits_{i\in\Lambda} \mathrm{Mor}_{\mathcal{C}}(A_i, \ X) \xrightarrow{\;\sim\;} F(X)$ 上的 π-作用是连续的. 由于 $F(X)$ 有限，π 在 $F(X)$ 上的作用取决于某些 π_i 在 $F(X)$ 上的

作用. 故对于足够大的 i, 若 $f : X \to Y$ 是 $\mathcal{C}$ 中的态射, 则它诱导的映射 $\varinjlim_{i \in \Lambda} \mathrm{Mor}_{\mathcal{C}}(A_i,\, X) \to \varinjlim_{i \in \Lambda} \mathrm{Mor}_{\mathcal{C}}(A_i,\, Y)$ 是 $\pi\text{-}\mathbf{Sets}$ 中的态射 (这是由于其作用来自 π_i). 由此我们有交换图2.30.

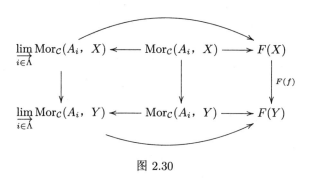

图 2.30

因此 $F(f)$ 是 $\pi\text{-}\mathbf{Sets}$ 中的态射.

下面我们简单介绍关于投影范畴 (pro-category)$\mathrm{Pro}\,\mathcal{C}$ 的一些基本内容. 简单地说, $\mathrm{Pro}\,\mathcal{C}$ 中的一个对象, 称为 $\mathcal{C}$ 的一个投影对象 (pro-object), 是指 $\mathcal{C}$ 中的一个投影系 $\widetilde{P} = (P_i)_{i \in I'}$. 若 $\widetilde{P}$, $\widetilde{P'} = (P'_j)_{j \in J'}$ 是 $\mathcal{C}$ 中的两个投影对象, 则它们之间的态射集定义为

$$\mathrm{Mor}_{\mathrm{Pro}\,\mathcal{C}}(\widetilde{P},\, \widetilde{P'}) = \varprojlim_{j \in J'} \varinjlim_{i \in I'} \mathrm{Mor}_{\mathcal{C}}(P_i,\, P'_j).$$

$\mathcal{C}$ 中的一个对象自然成为 $\mathrm{Pro}\,\mathcal{C}$ 的一个对象. 在上述定义下, $\mathcal{C}$ 的一个射可表示的函子可以看成是由 $\mathcal{C}$ 的一个投影对象 "表示" 的函子. 设 $\mathcal{C}$ 是一个小的伽罗瓦范畴, F 为其基本函子. 对 $\mathcal{C}$ 中的任意对象 X, 我们有

$$F(X) \xleftarrow{\ \sim\ } \varinjlim_{i \in \Lambda} \mathrm{Mor}_{\mathcal{C}}(A_i,\, X) \simeq \mathrm{Mor}_{\mathrm{Pro}\,\mathcal{C}}(\widetilde{A},\, X),$$

其中 $\widetilde{A}$ 是 $\mathcal{C}$ 的投影对象 $(A_i)_{i \in \Lambda}$. 因此, $F(X)$ 的每一个元素可以看作是一个 $\widetilde{A} \to X$ 的 $\mathrm{Pro}\,\mathcal{C}$-态射. 由于 A_i 为 $\mathcal{C}$ 中的伽罗瓦对象, 故有

$$\mathrm{Mor}_{\mathrm{Pro}\,\mathcal{C}}(\widetilde{A},\, A_i) \cong F(A_i) \cong \mathrm{Mor}_{\mathcal{C}}(A_i,\, A_i) = \mathrm{Aut}(A_i) = \pi_i,$$

从而有

$$\pi = \varprojlim_{i \in \Lambda} \pi_i = \varprojlim_{i \in \Lambda} \mathrm{Mor}_{\mathcal{C}}(A_i, \ A_i)$$

$$= \varprojlim_{i \in \Lambda} \mathrm{Mor}_{\mathrm{Pro}\,\mathcal{C}}(\widetilde{A}, \ A_i)$$

$$= \mathrm{Mor}_{\mathrm{Pro}\,\mathcal{C}}(\widetilde{A}, \ \widetilde{A}) = \mathrm{Aut}(\widetilde{A}).$$

下面我们给出范畴 π-**Sets** 中关于连通对象的描述.

引理 2.2.12 在范畴 π-**Sets** 中, 一个对象 E 是连通的当且仅当 π 在 E 上的作用是可递的.

该引理的结论可由定义 2.2.3直接得到.

我们用 $H(X)$ 来表示具有 π-作用的集合 $F(X)$, 且对任意 $\mathcal{C}$ 中的态射 f, 令 $H(f) = F(f)$, 则 H 为 $\mathcal{C} \to \pi$-**Sets** 的一个函子, 且与忘却函子 π-**Sets** $\to$ **Sets** 复合后等于 F (稍后我们将会看到, 这个函子 H 与我们在 2.1.6小节中定义的相同), 则下面的两个范畴是等价的.

引理 2.2.13 函子 $H : \mathcal{C} \to \pi$-**Sets** 是一个范畴间的等价 (见定义2.1.6).

证明: 我们先证明下面的命题.

命题 1: 函子 H 是本质满的.

设 E 为任一 π-集合. 由于公设 (G2) 与 (G5) 成立, 我们不妨设 E 在范畴 π-**Sets** 中是连通的, 即 π 在 E 上的作用是可递的. 取定一个元素 $e \in E$, 映射 $\pi \to E$, $\sigma \mapsto \sigma \cdot e$ 为双射. 由于 E 是有限集, 对某个 $i \in \Lambda$, 该映射因子通过 (factor through)π_i, 如图2.31所示, 其中 $f_i : \pi \to \pi_i$ 为自然投影, 且映射 $\pi_i \to E$ 由群在 e 上的作用给出.

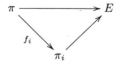

图 2.31

显然，上述结论对任意 $j \geqslant i$ 都成立. 令 $H_i \subseteq \pi_i$ 为 e 在 π_i 中的迷向子群，则有

$$H_i = \{\sigma \in \pi_i : \sigma \cdot e = e\}.$$

此外，π 在集合 π_i/H_i 上有一个由左乘积诱导的自然作用. 我们定义一个映射如下：

$$\Gamma : \pi_i/H_i \to E, \ \sigma H_i \mapsto \sigma \cdot e.$$

显然 Γ 为双射. 对任一 $\tau \in \pi$，我们有

$$\Gamma(\tau \cdot \sigma H_i) = \Gamma(f_i(\tau)\sigma H_i) = (f_i(\tau)\sigma) \cdot e = f_i(\tau) \cdot (\sigma \cdot e) = \tau \cdot (\sigma \cdot e) = \tau \cdot \Gamma(\sigma H_i).$$

故 Γ 是范畴 π-**Sets** 中的一个同构.

下面我们令 $\widehat{E_i} := A_i/H_i$ 为 2.1.4 小节描述的商. 由公设 (G2)，$\widehat{E_i}$ 也是 $\mathcal{C}$ 中的对象，且由公设 (G5)，我们有如下 π-集合的等式：

$$F(\widehat{E_i}) = F(A_i)/H_i \cong \pi_i/H_i \cong E.$$

设 $j \geqslant i$ 且 $H_j \subseteq \pi_j$ 为 e 在 π_j 中的迷向子群，则群同态 $\psi_{ij} : \pi_j \to \pi_i$ 诱导的一个映射如下：

$$\pi_j/H_j \to \pi_i/H_i, \ \sigma H_j \mapsto \psi_{ij}(\sigma)H_i.$$

由于图2.32可交换，即 $\psi_{ij}(H_j) \subseteq H_i$，则映射 $\pi_j/H_j \to \pi_i/H_i$ 是明确定义的.

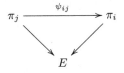

图 2.32

因此我们有图2.33，且图2.33右边的图可交换.

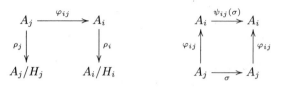

图 2.33

因此，对任意 $\sigma \in H_j$，我们有 $\rho_j\sigma = \rho_j$ 且 $\psi_{ij}(\sigma) \in H_i$. 故有

$$(\rho_i\varphi_{ij})\sigma = \rho_i(\varphi_{ij}\sigma) = \rho_i\psi_{ij}(\sigma)\varphi_{ij} = \rho_i\varphi_{ij},$$

则存在唯一的态射 $\mu_{ij} : A_j/H_j \to A_i/H_i$，使得 $\rho_i\varphi_{ij} = \mu_{ij}\rho_j$. 比较 $\widehat{E_j} := A_j/H_j$ 与 $\widehat{E_i} := A_i/H_i$ 在 F 下的象，可得交换图2.34.

$$
\begin{array}{ccc}
F(A_j/H_j) & \xrightarrow{F(\mu_{ij})} & F(A_i/H_i) \\
\downarrow{\sim} & & \downarrow{\sim} \\
E & \xrightarrow{\sim} & E
\end{array}
$$

图 2.34

因此 $F(\mu_{ij})$ 是 π-集合间的同构. 故由公设 (G6) 可得，$\widehat{E_j} \cong \widehat{E_i}$. 这说明满足 $F(\widehat{E_i}) \cong E$ 的对象 $\widehat{E_i}$ 与 i 的选取无关，因此可将其记为 $\widehat{E}$，并将同构 $F(\widehat{E}) \xrightarrow{\sim} E$ 记为 γ_E.

下面我们考虑映射 $H : \mathrm{Mor}_{\mathcal{C}}(X, Y) \to \mathrm{Mor}_{\pi\text{-}\mathbf{Sets}}(F(X), F(Y))$, $f \mapsto F(f)$，则可得出如下结论：

命题 2： H 为单射.

令 f，$g \in \mathrm{Mor}_{\mathcal{C}}(X, Y)$ 且 $F(f) = F(g)$,再令 (E, e) 为态射 $X \overset{f}{\underset{g}{\rightrightarrows}} Y$ 的等化子. 由公设 (G4) 及注 2.2.1可知,$(F(E), F(e))$ 就是 $F(X) \overset{F(f)}{\underset{F(g)}{\rightrightarrows}} F(Y)$ 的等化子. 由于 $F(f) = F(g)$ $F(e)$ 为同构，故由公设 (G6) 可得，e 是一个同构，从而有 $f = g$.

命题 3： H 为满射.

与命题 1 的证明类似，我们假设 X 是连通的. 取定一个元素 $a \in F(X)$，由引理 2.2.11，存在 $(A_N, a_N) \in \Lambda$ 与 $f \in \mathrm{Mor}_{\mathcal{C}}(A_N, X)$，使得 $(A_N, a_N) \underset{f}{\geqslant} (X, a)$. 事实上，取足够大的 N，可使映射 $\mathrm{Mor}_{\mathcal{C}}(A_N, X) \to F(X)$，$g \mapsto F(g)(a)$ 为双射. 由公设 (G3) 以及 X 的连通性，映射 $F(f)$：$F(A_N) \to F(X)$ 为双射. 任取 $f' \in \mathrm{Mor}_{\mathcal{C}}(A_N, X)$，则存在一个元素 $a'_N \in F(A_N)$，使得 $F(f)(a'_N) = F(f')(a_N)$. 由于 A_N 在 $\mathcal{C}$ 中是伽罗瓦的，故 π_N 在 $F(A_N)$ 上的作用可递. 因而可以找到一个 $\sigma \in \pi_N$，使得 $\sigma \cdot a_N = a'_N$，即 $F(\sigma)(a_N) = a'_N$. 故有 $F(f)(F(\sigma)(a_N)) = F(f\sigma)(a_N) = F(f')(a_N)$. 由引理 2.2.6，$f\sigma = f'$，即 $f = \sigma \cdot f'$. 这说明群 π_N 在 $\mathrm{Mor}_{\mathcal{C}}(A_N, X)$ 上的作用是可递的，从而得到一个 π-集合的同构 $F(X) \cong \pi_N/G$，其中 G 是 f 在 π_N 中的迷向子群. 又由于 $F(X)$ 是有限的，映射 $\pi \to F(X)$，$\sigma \mapsto \sigma \cdot a$ 可以因子通过某个 π_M，如图 2.35 所示.

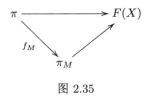

图 2.35

取足够大的 M(至少 $M \geqslant N$)，使得 π_M 在 $\mathrm{Mor}_{\mathcal{C}}(A_M, X) \overset{\sim}{\longrightarrow} F(X)$ 上的作用是可递的. 由于 f_M 是满射，π 在 $F(X)$ 上的作用可递，从而 $F(X)$ 在范畴 π-**Sets** 中是连通的.

对任意 $\alpha : F(X) \to F(Y)$，令 $b = \alpha(a)$，对某个 $b_k \in F(Y)$，范畴 $\mathrm{Pro}\,\mathcal{C}$ 中的态射 $b : \widetilde{A} \to Y$ 可因子通过某个 A_i，如图 2.36 所示.

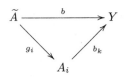

图 2.36

令 i 足够大，使得对所有 $b_k \in F(Y)$，$\mathrm{Mor}_{\mathcal{C}}(A_i,\ Y) \xrightarrow{\sim} F(Y)$ 且 $(A_i,\ a_i) \geqslant (Y,\ b_k)$. 注意：对 $\forall\ \sigma \in \pi_i$，$\sigma \cdot f_k = f_k \circ \sigma^{-1}$ 且 $\sigma \cdot b_k = F(f_k \circ \sigma^{-1})(a_i) = F(f_k)F(\sigma)^{-1}(a_i)$. 令 H_i，H_i'，H_i'' 分别为元素 a，a_i 以及 b_i 在 π_i 中的迷向子群，则有 $H_i \subseteq H_i' \subseteq H_i''$. 对足够大的 i，映射 $b_k : A_i \to Y$ 可因子通过 $A_i/H_i \cong \widehat{F(X)}$ 且图2.37是可交换的.

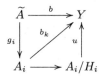

图 2.37

类似地，取 i 足够大，可得映射 $v : A_i/H_i \cong \widehat{F(X)} \to X$，使得图2.38可交换，从而 $F(v) \circ \gamma_{F(X)}^{-1} = \mathrm{id}_X$，这说明 $F(v)$ 为一个同构.

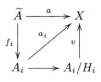

图 2.38

故由公设 (G6) 可知，v 是一个同构. 因此对 $\forall a \in F(X)$，复合态射

$$X \xrightarrow{\ v^{-1}\ } \widehat{F(X)} \xrightarrow{\ u\ } Y$$

满足 $F(uv^{-1})(a) = b = \alpha(a)$，即 $F(uv^{-1}) = \alpha$.

综合命题 2 与命题 3 可得，H 为完全忠实的. 再由命题 1 及引理2.1.1，函子 $H : \mathcal{C} \to \pi\text{-}\mathbf{Sets}$ 是一个范畴间的等价. $\quad\square$

下面的引理给出了关于忘却函子 $\pi\text{-}\mathbf{Sets} \to \mathbf{Sets}$ 自同构群的具体描述.

引理 2.2.14 设 π 是一个投射有限群，F 是由范畴 π-**Sets** 到 **Sets** 的忘却函子，则 $\mathrm{Aut}(F) \cong \pi$.

证明: 由于 π 是一个投射有限群，故 $\pi \cong \varprojlim_{\pi' \triangleright \pi \text{ open}} \pi/\pi'$，其中 π' 涵盖 π 的正规开子群；π/π' 自然是一个 π-集合，其作用可由左乘法诱导出. 对任意 $\sigma \in \mathrm{Aut}(F)$，$\sigma$ 由双射族 $\sigma_X : F(X) \to F(X)$ 确定. 对任意 $X \in \mathrm{Ob}(\pi\text{-}\mathbf{Sets})$，取定一个元素 $x \in F(X)$，令 $x' = \sigma_X(x)$ 且 π_x 为 x 在 π 中的迷向子群. 由于 π 在 X 上的作用连续，故 π_x 是 π 的一个正规开子群. 类似地，我们可以假设 X 是连通的，即 π 在 X 上的作用是可递的，则映射

$$\pi/\pi_x \to X, \quad \bar{a} \mapsto a \cdot x$$

是 π-集合间的同构. 我们有交换图2.39,其中 $\tau : \pi/\pi_x \to \pi/\pi_{x'}, a\pi_x \mapsto a\pi_{x'}$ 是一个同构.

$$
\begin{array}{ccc}
F(\pi/\pi_x) & \xrightarrow{\sim} & F(X) \\
\downarrow{\scriptstyle \tau} & & \downarrow{\scriptstyle \sigma_x} \\
F(\pi/\pi_{x'}) & \xrightarrow{\sim} & F(X)
\end{array}
$$

图 2.39

事实上，对任意 $a \in \pi$, $x \in X$，我们有 $a \cdot x = x$ 当且仅当 $a \cdot x' = x'$, $x' = \sigma_X(x)$. 故 $\pi_x = \pi_{x'}$，从而每个 τ 给出一个映射 $\sigma_{\pi/\pi_x} : F(\pi/\pi_x) \to F(\pi/\pi_x)$. 因此 σ_X 可由前面的 $\sigma_{\pi/\pi'}$ 确定，其中 π' 涵盖 π 的所有正规开子群.

下面我们说明，映射 $\Phi : \pi/\pi' \to \mathrm{Aut}_{\pi\text{-}\mathbf{Sets}}(\pi/\pi')$, $a\pi' \mapsto (f_a : b\pi' \mapsto ba^{-1}\pi')$ 是一个群同构.

- 首先我们说明 Φ 是明确定义的.

对于 a, $a' \in \pi$ 且 $a\pi' = a'\pi'$，则 $aa'^{-1} \in \pi'$，从而

$$f_a(b\pi') = ba^{-1}\pi' = ba^{-1}aa'^{-1}\pi' = ba'^{-1}\pi' = f_{a'}(b\pi').$$

此外，$f_a(a' \cdot b\pi') = f_a(a'b\pi') = a'ba^{-1}\pi' = a' \cdot f_a(b\pi')$. 易知 $f_a \in$ $\mathrm{Aut}_{\pi\text{-}\mathbf{Sets}}(\pi/\pi')$.

- 显然 Φ 是单射，且是一个群同态.

- 最后，我们证明 Φ 是一个满射. 对 $\forall \sigma \in \mathrm{Aut}_{\pi\text{-}\mathbf{Sets}}(\pi/\pi')$, $\forall a \in \pi$, 取定 $b\pi' \in \pi/\pi'$ 对某个 $b \in \pi$ 成立，令 $\sigma(b\pi') = b'\pi'$, 其中 $b' \in \pi$ 且令 $a = b'^{-1}b$, 则有 $f_a(b\pi') = bb^{-1}b'\pi' = b'\pi'$. 故对任意 $d\pi' \in \pi/\pi'$, 有

$$\sigma(d\pi') = \sigma(db^{-1}b\pi') = (db^{-1}) \cdot (b'\pi') = da^{-1}\pi' = f_a(d\pi').$$

故 $\sigma = f_a$, 即 $\sigma = \Phi(a)$.

类似可得，任意集合论的，且与 π-**Sets** 中所有 π/π'-自同构可交换的映射 $\pi/\pi' \to \pi/\pi'$, 均为与某个 $b\pi' \in \pi/\pi'$ 的左乘积，则

$$\mathrm{Aut}(F) \cong \varprojlim_{\pi' \triangleright \pi \text{ open}} \mathrm{Aut}(\pi/\pi') \cong \varprojlim_{\pi' \triangleright \pi \text{ open}} \pi/\pi' = \pi.$$

因此2.1.6小节中定义的函子 $H : \pi\text{-}\mathbf{Sets} \to \mathrm{Aut}(F)\text{-}\mathbf{Sets}$ 为恒等函子. $\square$

下面我们以定理 2.1.1 的证明来结束本章的内容.

首先我们证明 (b). 设 π 为任一投射有限群，$H : \mathcal{C} \to \pi\text{-}\mathbf{Sets}$ 是一个范畴间的等价函子，且满足与忘却函子 $F_1 : \pi\text{-}\mathbf{Sets} \to \mathbf{Sets}$ 复合可得基本函子 F, 即 $F_1 H = F$. 由于 H 是一个等价，则有 $\mathrm{Aut}(F) \cong \mathrm{Aut}(F_1)$. 由引理 2.2.14, $\pi \cong \mathrm{Aut}(F_1) \cong \mathrm{Aut}(F)$. 故 (b) 得证，且 (a) 可由 (b) 立即证得.

设 (A, a), $(A, a') \in \Lambda$, $\mathrm{Aut}(A)$ 在 $F(A)$ 上的作用是可递的. 则存在 $u \in \mathrm{Aut}(A)$ 使得 $u(a) = a'$, 故在 Λ 中我们有 $(A, a) = (A, a')$. 这说明所有有序对 $(A, a) \in \Lambda$ 在对象 A 相同时是同构的. 我们用 Λ 的一个子集 Λ_1 代替 Λ, 其中 Λ_1 包含恰有一个 (A, a), 对应于每个伽罗瓦对象 A (即对象 A 相同的有序对只取其中的一个).

下面我们证明 (c). 设 F' 为伽罗瓦范畴 $\mathcal{C}$ 的另一个基本函子，F, F'

分别由投影对象 $\widetilde{A}$，$\widetilde{B}$ 射可表示，则有

$$F = \mathrm{Mor}_{\mathrm{Pro}\,\mathcal{C}}(\widetilde{A}, \ -) = \varprojlim_{i \in \Lambda_1} \mathrm{Mor}_{\mathcal{C}}(A_i, \ -),$$

$$F' = \mathrm{Mor}_{\mathrm{Pro}\,\mathcal{C}}(\widetilde{B}, \ -) = \varprojlim_{j \in \Lambda_2} \mathrm{Mor}_{\mathcal{C}}(B_j, \ -),$$

其中 Λ_1，Λ_2 为前面描述的 Λ 的子集. 我们只需证明在范畴 $\mathrm{Pro}\,\mathcal{C}$ 中，$\widetilde{A} \cong \widetilde{B}$. 对 $j \geqslant i$，我们记 p_{ij} 与 q_{ij} 分别为 $A_j \to A_i$，$B_j \to B_i$ 的典范同态，且记 p_i 与 q_j 分别为映射 $\widetilde{A} \to A_i$ 与 $\widetilde{B} \to B_j$. 令 $a_i \in F(A_i)$，$b_j \in F(B_j)$ 分别为满足 $(A_i, \ a_i) \in \Lambda_1$，$(B_j, \ b_j) \in \Lambda_2$ 的元素. 对任意 $j \in \Lambda_2$，考虑 $\mathrm{Pro}\,\mathcal{C}$ 中的态射 $b_j : \widetilde{A} \to B_j$. 由于 $b_l = q_{lj} \circ b_j$，从而可诱导一个 $\mathrm{Pro}\,\mathcal{C}$ 中的态射 $b : \widetilde{A} \to \widetilde{B}$，使得图2.40为交换图.

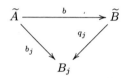

图 2.40

对任意 $b_j : \widetilde{A} \to B_j$，存在 $i_j \in \Lambda_1$，使得 $(A_{i_j}, \ a_{i_j}) \geqslant (B_j, \ b_j)$，且图2.41是交换图.

图 2.41

类似地，我们还可以得到另外一个方向 $\widetilde{B} \to \widetilde{A}$ 的交换图，则在 $\mathrm{Pro}\,\mathcal{C}$ 中 $\widetilde{A} \cong \widetilde{B}$，故有 $F \cong F'$，从而 (c) 得证.

(d) 由 (b) 和 (c) 可得.

至此就完成了定理 2.1.1 的证明.

第 3 章 有限艾达尔覆盖

本章介绍关于有限艾达尔覆盖的基本性质. 在本章的前两节, 我们给出与有限艾达尔态射有关的仿射知识; 后面两节将给出有限艾达尔态射的定义及性质, 中间将会涉及一些概型及态射的理论, 具体内容请读者参阅文献 [2](第 2 章). 在前两节中, 设 A 为一个环 (这里的环我们指交换幺环).

3.1 射影模与射影代数

定义 3.1.1 设 $0 \to M_0 \to M_1 \to M_2 \to 0$ 是一个 A-模的短正合列. 如果存在一个 A-模的同构 $M_1 \overset{\sim}{\to} M_0 \oplus M_2$, 使得图3.1(此图第二行中的映射均为自然映射) 是可交换的, 则该序列是分裂的.

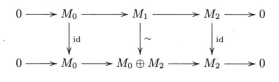

图 3.1

性质 3.1.1 设 $0 \to M_0 \overset{f}{\to} M_1 \overset{f'}{\to} M_2 \to 0$ 为一个 A-模的短正合列, 则下面三个命题等价:

(i) 序列 $0 \to M_0 \to M_1 \to M_2 \to 0$ 是分裂的;

(ii) 存在一个 A-线性的映射 $h : M_1 \to M_0$, 使得 $h \circ f = \mathrm{id}_{M_0}$;

(iii) 存在一个 A-线性的映射 $h' : M_2 \to M_1$, 使得 $f' \circ h' = \mathrm{id}_{M_2}$.

证明: (i) $\Rightarrow$ (ii): 假设序列 $0 \to M_0 \to M_1 \to M_2 \to 0$ 是分裂的. 由定义, 存在一个 A-模的同构 $\varphi : M_1 \overset{\sim}{\to} M_0 \oplus M_2$, 使得图3.2为交换图, 其

中 g_1 为自然包含映射且 p_1 为第一个投影, 且满足 $p_1 \circ g_1 = \mathrm{id}_{M_0}$.

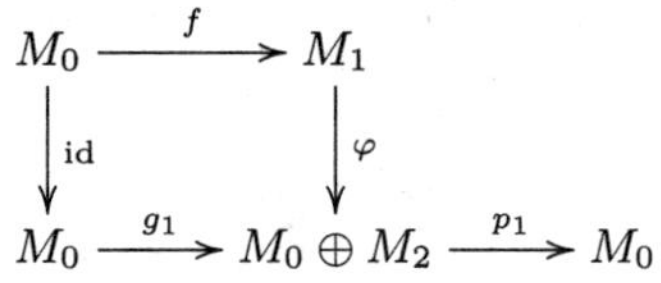

$$
\begin{array}{ccc}
M_0 & \xrightarrow{\ f\ } & M_1 \\
\downarrow{\scriptstyle \mathrm{id}} & & \downarrow{\scriptstyle \varphi} \\
M_0 & \xrightarrow{\ g_1\ } M_0 \oplus M_2 \xrightarrow{\ p_1\ } & M_0
\end{array}
$$

图 3.2

令 h 为复合映射 $M_1 \xrightarrow{\ \varphi\ } M_0 \oplus M_2 \xrightarrow{\ p_1\ } M_0$, 则有

$$
h \circ f = (p_1\varphi)f = p_1 g_1 \mathrm{id}_{M_0} = \mathrm{id}_{M_0},
$$

故 h 即为所求复合映射.

(ii) $\Rightarrow$ (iii): 假设存在一个 A-线性映射 $h : M_1 \to M_0$, 使得 $hf = \mathrm{id}_{M_0}$, 则

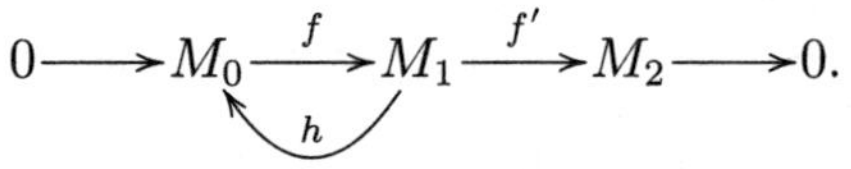

$$
0 \longrightarrow M_0 \xrightarrow{\ f\ } M_1 \xrightarrow{\ f'\ } M_2 \longrightarrow 0.
$$

对任意 $x \in M_2$, 由于 f' 为满射, 则存在 $y \in M_1$, 使得 $f'(y) = x$. 定义对应法则如下:

$$
h' : M_2 \longrightarrow M_1, \quad x \mapsto y - f \circ h(y),
$$

我们可得到下面的结论.

• h' 是明确定义的. 设 $y,\ y' \in M_1$ 且 $f'(y) = f'(y') = x$, 则有

$$
y - y' \in \mathrm{Ker}(f') = \mathrm{Im}(f),
$$

即存在 $z \in M_0$, 使得 $f(z) = y - y'$, 从而有

$$
z = \big(h \circ f\big)(z) = h(y - y'), \ y - y' = f(z) = f(h(y - y')).
$$

故有

$$
h'(y) = y - fh(y) = y' - fh(y') = h'(y'),
$$

即 h' 是明确定义的.

　　• h' 为 A-线性的. 这是因为 f, h 均为 A-线性的.

　　• 对 $\forall x \in M_2$, 由于 $f'f = 0$, 故有

$$(f' \circ h')(x) = f'(y - fh(y)) = f'(y) - (f'f)(h(y)) = f'(y) = x,$$

即 $f' \circ h' = \mathrm{id}_{M_2}$.

　　综上所述, h' 即为所求映射, 从而 (iii) 成立.

　　(iii) $\Rightarrow$ (i): 假设存在 A-线性映射 $h' : M_2 \to M_1$, 使得 $f'h' = \mathrm{id}_{M_2}$, 则

$$0 \longrightarrow M_0 \xrightarrow{\ f\ } M_1 \xrightarrow{\ f'\ } M_2 \longrightarrow 0.$$
$$\underset{h'}{\curvearrowleft}$$

对任意 $x \in M_1$, 考虑 M_1 中的元素 $x - h'f'(x)$, 我们可得到

$$f'(x - h'f'(x)) = f'(x) - (f'h')(f'(x)) = f'(x) - f'(x) = 0,$$

即 $x - h'f'(x) \in \mathrm{Ker}(f') = \mathrm{Im}(f)$. 由于 f 是单射, 故存在唯一的 $\widehat{x} \in M_0$, 使得 $f(\widehat{x}) = x - h'f'(x)$. 定义映射

$$\psi : M_1 \longrightarrow M_0 \oplus M_2, \quad x \mapsto (\widehat{x},\ f'(x)),$$

则下面的结论成立:

　　• ψ 是一个 A-模的同态.

　　• ψ 为单射. 假设有 $\widehat{x} = 0$ 且 $f'(x) = 0$ 对某个 $x \in M_1$ 成立, 则有

$$x - h'f'(x) = f(\widehat{x}) = 0,$$

即 $x = h'f'(x) = h'(0) = 0$.

　　• ψ 是满射. 对任意 $(y,\ z) \in M_0 \oplus M_2$, 其中 $y \in M_0$ 且 $z \in M_2$, 令 $x = f(y) + h'(z)$, 则有

$$f'(x) = f'f(y) + f'h'(z) = 0 + z = z,$$

$$f(y) = x - h'(z) = x - h'(f'(x)).$$

注意到 $\hat{x}$ 是 M_0 中唯一满足 $f(\widehat{yx}) = x - h'f'(x)$ 的元素，这说明 $\hat{x} = y$，从而 $\psi(x) = (y, z)$.

- 对任意 $y \in M_0$，由于 $f'f = 0$，则有

$$f(y) = f(y) - h'(f'f)(y) = f(y) - (h'f')(f(y)),$$

这说明 $\widehat{f(y)} = y$. 我们可得到交换图3.3和图3.4.

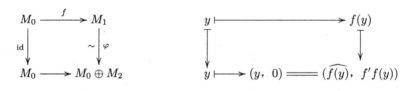

图 3.3

图 3.4

在图3.3和图3.4中，右图给出了左图中对应的映射.

综合上面的结论可得，序列 $0 \to M_0 \to M_1 \to M_2 \to 0$ 是分裂的. □

引理 3.1.1 设 M 是一个 A-模，$(P_i)_{i \in I}$ 为一族 A-模且 $P = \bigoplus_{i \in I} P_i$，则

(1) $\mathrm{Hom}_A(P, M) \cong \prod_{i \in I} \mathrm{Hom}_A(P_i, M)$；

(2) $P \otimes_A M \cong \bigoplus_{i \in I}(P_i \otimes_A M)$.

证明： 设 φ_j 为如下的自然映射：

$$\varphi_j : P_j \to P, \quad p_j \mapsto (p_i)_{i \in I},$$

其中

$$p_i = \begin{cases} p_j, & i = j, \\ 0, & i \neq j. \end{cases}$$

显然，$\varphi_j \in \mathrm{Hom}_A(P_j,\ P)$.

我们先证明 (1). 对任意 $f \in \mathrm{Hom}_A(P,\ M)$，则 $f \circ \varphi_j \in \mathrm{Hom}_A(P_j,\ M)$. 定义映射如下：

$$\psi : \mathrm{Hom}_A(P,\ M) \longrightarrow \prod_{i \in I} \mathrm{Hom}_A(P_i,\ M),\ f \mapsto (f \circ \varphi_i)_{i \in I}.$$

我们分别说明以下几个事实：

- ψ 是一个 A-模的同态.

- ψ 是单射. 设有 $f \in \mathrm{Hom}_A(P,\ M)$ 且满足对任意 $i \in I$, $f \circ \varphi_i = 0$. 任取 $x = (p_i)_{i \in I} \in P = \bigoplus_{i \in I} P_i$，则 p_i 除去有限多个 i 外均为零. 设 $p_{i_1},\ p_{i_2},\ \cdots,\ p_{i_n}$ 为其所有不为零的分量，则 $x = \varphi_{i_1}(p_{i_1}) + \varphi_{i_2}(p_{i_2}) + \cdots + \varphi_{i_n}(p_{i_n})$，从而有

$$f(x) = f\varphi_{i_1}(p_{i_1}) + f\varphi_{i_2}(p_{i_2}) + \cdots + f\varphi_{i_n}(p_{i_n}) = 0.$$

由 x 的任意性可得 $f = 0$.

- ψ 为满射. 对任意 $(f_i)_{i \in I} \in \prod_{i \in I} \mathrm{Hom}_A(P_i,\ M)$，定义映射

$$f : P \longrightarrow M,\quad x = (p_i)_{i \in I} \mapsto \sum_{j \in J} f_j(p_j),$$

其中 J 为 I 的一个有限子集，且有 $x = \sum_{j \in J} \varphi_j(p_j)$. 容易验证，$f \in \mathrm{Hom}_A(P,\ M)$ 且 $\psi(f) = (f_i)_{i \in I}$.

综合以上事实可知，ψ 是一个同构，(1) 得证.

下面证明结论 (2). 对于任意 $i \in I$, 定义映射

$$f_i : P_i \times M \to P \otimes_A M,\ (p_i,\ m) \mapsto \varphi_i(p_i) \otimes m.$$

容易验证，f_i 是 A-双线性的. 由张量积的泛性质，存在唯一的 A-线性映

射

$$g_i : P_i \otimes_A M \to P \otimes_A M,$$

使得图3.5为交换图.

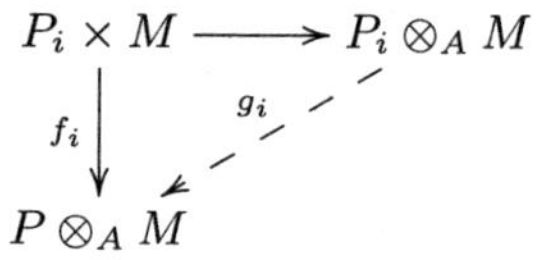

图 3.5

上述映射可诱导一个如下映射:

$$g : \bigoplus_{i \in I} (P_i \otimes_A M) \quad \longrightarrow \quad P \otimes_A M,$$

$$(p_i \otimes m_i)_{i \in I} \quad \longmapsto \quad \sum_{i \in I} g_i(p_i \otimes m_i) = \sum_{i \in I} (\varphi_i(p_i) \otimes m_i).$$

由于上式右端求和过程中只有有限多个元素非零, 故映射 g 是明确定义的.

此外, 我们还有一个 A-双线性映射

$$h' : P \times M \to \bigoplus_{i \in I} (P_i \otimes_A M), \ ((p_i)_{i \in I}, \ m) \mapsto (p_i \otimes m)_{i \in I}.$$

它可诱导一个 A-线性映射 $h : P \otimes_A M \to \bigoplus_{i \in I} (P_i \otimes_A M)$, 使得图3.6为交换图.

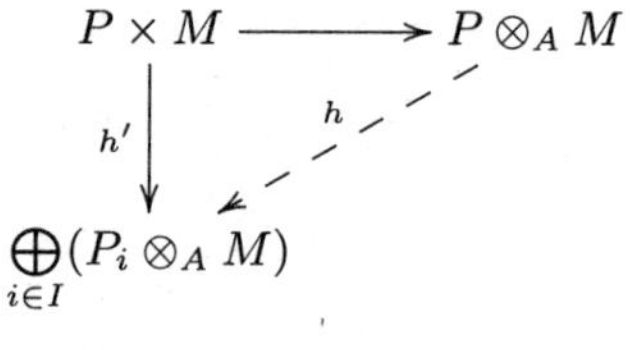

图 3.6

容易验证, $g \circ h = \mathrm{id}_{P \otimes_A M}$ 且 $h \circ g = \mathrm{id}_{\bigoplus_{i \in I} (P_i \otimes_A M)}$, 这就完成了 (2)

的证明.　　　　　　　　　　　　　　　　　　　　　　　　$\square$

注 3.1.1　设 $(P_i)_{i \in I}$ 为一族 A-模且 $P = \bigoplus\limits_{i \in I} P_i$. 由引理 3.1.1, 可以证明函子 $\mathrm{Hom}_A(P, -)$ (或 $- \otimes_A P$) 是正合的当且仅当每个 $\mathrm{Hom}_A(P_i, -)$ (或 $- \otimes_A P_i$) 都是正合的.

性质 3.1.2　对任意 A-模 P, 下列四个命题是等价的:

(i) 函子 $\mathrm{Hom}_A(P, -)$ 是正合的, 即若

$$0 \longrightarrow M_0 \stackrel{\varphi}{\longrightarrow} M_1 \stackrel{\psi}{\longrightarrow} M_2 \longrightarrow 0$$

是一个 A-模的短正合列, 则

$$0 \longrightarrow \mathrm{Hom}_A(P, M_0) \stackrel{\varphi'}{\longrightarrow} \mathrm{Hom}_A(P, M_1) \stackrel{\psi'}{\longrightarrow} \mathrm{Hom}_A(P, M_2) \longrightarrow 0$$

也是一个短正合列, 其中 φ', ψ' 分别为由 φ 和 ψ 诱导的自然同态.

(ii) 对任意 A-满同态 $f : M \to N$ 以及每个 A-同态 $g : P \to N$, 存在一个 A-同态 $h : P \to M$, 使得 $g = fh$, 如图3.7所示.

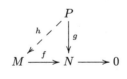

图 3.7

(iii) 每个短正合列 $0 \to L \to M \to P \to 0$ 均分裂.

(iv) P 是一个自由 A-模的直接被加数.

证明: (i) $\Rightarrow$ (ii) 是显然的.

(ii) $\Rightarrow$ (iii): 假设 (ii) 成立. 在 (ii) 中令 $N = P$ 且 $g = \mathrm{id}_P$, 则由性质3.1.1可得 (iii) 成立.

(iii) $\Rightarrow$ (iv): 由每个 A-模 P 均为一个自由 A-模的商, 再利用 (iii) 即可证明.

(iv) ⇒ (i): 假设 P 是一个自由 A-模的直接被加数. 由注 3.1.1, 只需证明 $\mathrm{Hom}_A(A, -)$ 是正合的. 对任意 A-模 M, 我们可得到 $\mathrm{Hom}_A(A, M) \cong M$, 从而结论得证.   □

定义 3.1.2 若一个 A-模 P 满足性质 3.1.2中的任一等价条件, 则称它为**射影的**.

推论 3.1.1   自由模是射影模. 一个有限生成模是射影的当且仅当它是某个有限生成自由模的直接被加数.

证明: 第一个论断显然成立. 第二个论断由性质 3.1.2 (iii) 可得.   □

注 3.1.2 如果函子 $- \otimes_A P$ 是正合的, 则称 A-模 P 为**平坦的**. 自由模是平坦的, 因此由注3.1.1, 射影模也是平坦的.

例 3.1.1   下面给出几个例子.

(1) 若 $A = K$ 是一个域, 则每个 A-模都是自由模, 从而也是射影模.

(2) 若 A 为主理想整环, 则一个射影 A-模是自由模.

(3) 设 $A \cong A_1 \times A_2$, 其中 A_1, A_2 为环, 则每个 A_i 都是射影 A-模. 若 A_i 不是零环, 则它们不是自由 A-模. 令 P 为任一 A-模, 则存在一个同构 $P \cong P_1 \times P_2$, 其中 $P_i = e_i P$ 为 A_i-模, 且 $e_1 = (1, 0)$, $e_2 = (0, 1)$. 此外, P 是射影 A-模当且仅当每个 P_i 是射影 A_i-模.

引理 3.1.2   设 M, N, P 为 A-模且 P 是平坦的. 对任意 $f \in \mathrm{Hom}_A(M, N)$, 我们可得到

(1) $\mathrm{Ker}(f \otimes \mathrm{id}_P) \cong \mathrm{Ker}(f) \otimes_A P$;

(2) $\mathrm{Coker}(f \otimes \mathrm{id}_P) \cong \mathrm{Coker}(f) \otimes_A P$, 从而 $\mathrm{Im}(f \otimes \mathrm{id}_P) \cong \mathrm{Im}(f) \otimes_A P$.

证明: (1) 我们有一个正合序列 $0 \to \mathrm{Ker}(f) \to M \to N$. 由于 P 是平坦的, 故序列

$$0 \to \mathrm{Ker}(f) \otimes_A P \to M \otimes_A P \to N \otimes_A P$$

是正合的. 对任意 $x \in \mathrm{Ker}(f)$ 以及任意 $p \in P$, 我们可得到

$$(f \otimes \mathrm{id}_P)(x \otimes p) = f(x) \otimes p = 0.$$

这说明 $\mathrm{Ker}(f) \otimes_A P \subseteq \mathrm{Ker}(f \otimes \mathrm{id}_P)$. 我们可得到交换图3.8，且它的每一行都是正合的.

$$
\begin{array}{ccccccccc}
0 & \longrightarrow & 0 & \longrightarrow & \mathrm{Ker}(f) \otimes_A P & \longrightarrow & M \otimes_A P & \xrightarrow{f \otimes \mathrm{id}_P} & N \otimes_A P \\
& & \| & & \big\uparrow & & \cong \big\downarrow \mathrm{id} & & \cong \big\downarrow \mathrm{id} \\
0 & \longrightarrow & 0 & \longrightarrow & \mathrm{Ker}(f \otimes \mathrm{id}_P) & \longrightarrow & M \otimes_A P & \xrightarrow{f \otimes \mathrm{id}_P} & N \otimes_A P
\end{array}
$$

图 3.8

由五项引理 (five lemma)，可得

$$
\mathrm{Ker}(f) \otimes_A P \cong \mathrm{Ker}(f \otimes \mathrm{id}_P).
$$

(2) 首先考虑正合序列 $M \to N \to \mathrm{Coker}(f) \to 0$. 由于 P 是平坦的，故序列

$$
M \otimes_A P \to N \otimes_A P \to \mathrm{Coker}(f) \otimes_A P \to 0
$$

是正合的. 由此我们可得到一个自然的 A-双线性映射

$$
\mathrm{Coker}(f) \times P \to \mathrm{Coker}(f \otimes \mathrm{id}_P), \quad (\overline{x}, \; p) \mapsto \overline{x \otimes p},
$$

它可诱导一个 A-线性映射 $\phi : \mathrm{Coker}(f) \otimes_A P \to \mathrm{Coker}(f \otimes \mathrm{id}_P)$. 我们可得到交换图3.9，且它的每一行都是正合的.

$$
\begin{array}{ccccccccc}
M \otimes_A P & \xrightarrow{f \otimes \mathrm{id}_P} & N \otimes_A P & \longrightarrow & \mathrm{Coker}(f) \otimes_A P & \longrightarrow & 0 & \longrightarrow & 0 \\
\cong \big\downarrow \mathrm{id} & & \cong \big\downarrow \mathrm{id} & & \big\downarrow \phi & & \| & & \| \\
M \otimes_A P & \xrightarrow{f \otimes \mathrm{id}_P} & N \otimes_A P & \longrightarrow & \mathrm{Coker}(f \otimes \mathrm{id}_P) & \longrightarrow & 0 & \longrightarrow & 0
\end{array}
$$

图 3.9

由五项引理，可得

$$
\mathrm{Coker}(f \otimes \mathrm{id}_P) \cong \mathrm{Coker}(f) \otimes_A P,
$$

从而 $\mathrm{Im}(f \otimes \mathrm{id}_P) \cong \mathrm{Im}(f) \otimes_A P$. □

性质 3.1.3 设 A 是一个局部环, $\mathfrak{m}$ 为其极大理想且 P 是一个有限生成的 A-模, 则 P 是射影 A-模当且仅当它是自由 A-模.

证明: 充分性显然, 下面证必要性. 由于 P 是一个有限生成的 A-模, 故 $P \otimes_A A/\mathfrak{m}$ 是一个有限维的线性空间. 取 x_1, x_2, $\cdots$, $x_n \in P$, 使得 $x_1 \otimes 1$, $x_2 \otimes 1$, $\cdots$, $x_n \otimes 1$ 为线性空间 $P \otimes_A A/\mathfrak{m}$ 的一个基. 取 A^n 的一个基 (此处考虑 A^n 为一个有限生成的自由 A-模), 令 $f : A^n \to P$ 为 A-线性映射, 将 A^n 基中的第 i 个元素映到 x_i. 考虑映射

$$f \otimes \mathrm{id}_{A/\mathfrak{m}} : A^n \otimes_A A/\mathfrak{m} \to P \otimes_A A/\mathfrak{m},$$

该映射是线性的, 且将 $A^n \otimes_A A/\mathfrak{m}$ 的一个基映成 $P \otimes_A A/\mathfrak{m}$ 的一个基, 从而 $f \otimes \mathrm{id}_{A/\mathfrak{m}}$ 是一个线性空间的同构, 则 $M = \mathrm{Coker}(f)$ 是有限生成的, 且有

$$M/\mathfrak{m}M \cong M \otimes_A A/\mathfrak{m} = \mathrm{Coker}(f) \otimes_A A/\mathfrak{m} \cong \mathrm{Coker}(f \otimes \mathrm{id}_{A/\mathfrak{m}}) = 0,$$

即 $M = \mathfrak{m}M$. 由中山引理 (Nakayama's lemma), 可得 $M = 0$, 从而 f 为满射, 故可得一个 A-模的短正合列

$$0 \longrightarrow \mathrm{Ker}(f) \longrightarrow A^n \longrightarrow P \longrightarrow 0.$$

由于 P 是射影 A-模, 故 $A^n \cong P \oplus \mathrm{Ker}(f)$, 从而 $\mathrm{Ker}(f)$ 是有限生成的. 又因为

$$\mathrm{Ker}(f)/\mathfrak{m}\,\mathrm{Ker}(f) \cong \mathrm{Ker}(f) \otimes_A A/\mathfrak{m} \cong \mathrm{Ker}(f \otimes \mathrm{id}_{A/\mathfrak{m}}) = 0,$$

故由中山引理, 可得 $\mathrm{Ker}(f) = 0$, 即 f 是单射, 从而是一个同构, 故 P 为自由 A-模. □

下面我们给出并证明射影模的一些局部特征. 首先我们简单回顾一些记号. 对任意 $f \in A$, 令 $S = \{f^n : n \geqslant 0\}$, 则记

$$A_f = S^{-1}A, \quad M_f = S^{-1}M = M \otimes_A A_f,$$

其中 M 为任一 A-模. 如果存在一个 A-模的正合序列

$$A^m \to A^n \to M \to 0,$$

其中 m, $n < \infty$, 我们称 M 是**有限表现的**.

引理 3.1.3　设 M, N 均为 A-模, 其中 M 是有限表现的, 且令 $S \subset A$ 为一个乘法封闭子集, 则可得到如下 $S^{-1}A$-模的同构:

$$S^{-1}\operatorname{Hom}_A(M,\ N) \cong \operatorname{Hom}_{S^{-1}A}(S^{-1}M,\ S^{-1}N).$$

证明: 考虑如下自然映射:

$$\begin{aligned}
\varphi : S^{-1}\operatorname{Hom}_A(M,\ N) &\longrightarrow \operatorname{Hom}_{S^{-1}A}(S^{-1}M,\ S^{-1}N), \\
\frac{f}{t} &\longmapsto \left(f_t : \frac{m}{s} \mapsto \frac{f(m)}{st}\right),
\end{aligned}$$

其中任意 $f \in \operatorname{Hom}_A(M,\ N)$, $m \in M$ 且 s, $t \in S$, 则 f_t 是 $S^{-1}A$-线性的. 这是因为对任意 $a \in A$, m_1, $m_2 \in M$ 且 b, t_1, $t_2 \in S$, 可得到

$$\begin{aligned}
f_t\left(\frac{a}{b}\frac{m_1}{t_1} + \frac{m_2}{t_2}\right) &= f_t\left(\frac{am_1t_2 + bt_1m_2}{bt_1t_2}\right) = \frac{f(am_1t_2 + bt_1m_2)}{tbt_1t_2} \\
&= \frac{af(m_1t_2) + f(bt_1m_2)}{tbt_1t_2} = \frac{a}{b}\frac{t_2f(m_1)}{tt_1t_2} + \frac{bt_1f(m_2)}{tbt_1t_2} \\
&= \frac{a}{b}f_t\left(\frac{m_1}{t_1}\right) + f_t\left(\frac{m_2}{t_2}\right).
\end{aligned}$$

容易验证 φ 是明确定义的. 下面我们说明 φ 是一个同构. 首先, 若 $M = A$, 我们可得到交换图3.10.

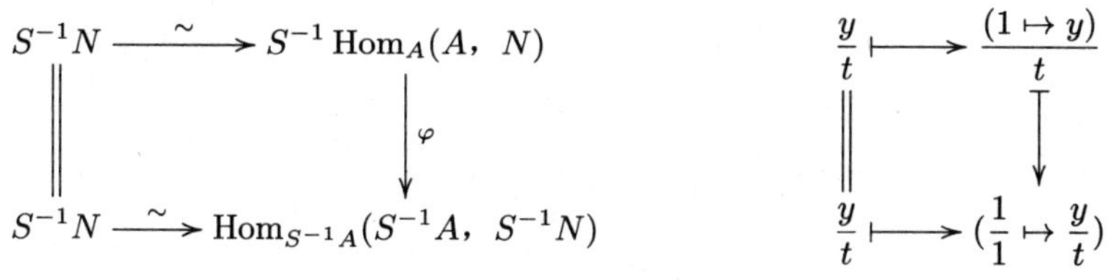

图 3.10

图3.10中的右图为左图中箭头对应的映射，其中 $(1 \mapsto y)$ 表示 $\operatorname{Hom}_A(A, N)$ 中由 $1_A \mapsto y$(即将 A 中的幺元映射到 y) 唯一确定的 A-线性映射. 故当 $M = A$ 时，φ 是一个同构. 类似地，通过取直和，我们可得到交换图3.11.

$$
\begin{array}{ccc}
S^{-1}\operatorname{Hom}_A(A^n, N) & \xrightarrow{\ \sim\ } & \bigoplus_{i=1}^{n} S^{-1}\operatorname{Hom}_A(A, N) \\
\Big\downarrow{\varphi} & & \Big\downarrow \\
\operatorname{Hom}_{S^{-1}A}(S^{-1}A^n, S^{-1}N) & \xrightarrow{\ \sim\ } & \bigoplus_{i=1}^{n} \operatorname{Hom}_{S^{-1}A}(S^{-1}A, S^{-1}N)
\end{array}
$$

图 3.11

图3.11中箭头对应的映射如图 3.12 所示.

$$
\begin{array}{ccc}
\dfrac{y}{t} & \longmapsto & \left(\dfrac{(1 \mapsto f(e_1))}{t}, \ \cdots, \ \dfrac{(1 \mapsto f(e_n))}{t}\right) \\
\Big\downarrow & & \Big\downarrow \\
\left(f_t : \dfrac{e_i}{1} \mapsto \dfrac{f(e_i)}{t}\right) & \longmapsto & \left(\dfrac{1}{1} \mapsto \dfrac{f(e_1)}{t}, \ \cdots, \ \dfrac{f(e_n)}{t}\right),
\end{array}
$$

图 3.12

图 3.12 中，$e_i = (0, \cdots, 1, \cdots, 0)$ 为 A^n 中第 i 个分量为 1 其余分量均为零的元素，且这样的 $e_1, e_2, \cdots, e_n$ 构成 A^n 的一个自由 A-基. 因此当存在某个 $n < \infty$，使得 $M \cong A^n$ 时，φ 也是一个同构. 对一般的 M，由于 M 是有限表现的，则可得到

$A^m \xrightarrow{h} A^n \xrightarrow{g} M \to 0$ 是正合的(其中$m, n < \infty$)

$\Rightarrow 0 \to \operatorname{Hom}_A(M, N) \to \operatorname{Hom}_A(A^n, N) \to \operatorname{Hom}_A(A^m N)$是正合的

（这是因为 $\operatorname{Hom}_A(-, N)$ 是左正合的）

$\Rightarrow 0 \to S^{-1}\operatorname{Hom}_A(M, N) \to S^{-1}\operatorname{Hom}_A(A^n, N) \to S^{-1}\operatorname{Hom}_A(A^m, N)$

是正合的 (这是因为 S^{-1} 是平坦的).

类似地，可得到下面的正合序列以及图3.13.

$$0 \to \operatorname{Hom}_{S^{-1}A}(S^{-1}M,\ S^{-1}N) \to \operatorname{Hom}_{S^{-1}A}(S^{-1}A^n,\ S^{-1}N)$$
$$\to \operatorname{Hom}_{S^{-1}A}(S^{-1}A^m,\ S^{-1}N),$$

$$
\begin{array}{ccccccc}
0 & \longrightarrow & S^{-1}\operatorname{Hom}_A(M,\ N) & \longrightarrow & S^{-1}\operatorname{Hom}_A(A^n,\ N) & \longrightarrow & S^{-1}\operatorname{Hom}_A(A^m,\ N) \\
& & \downarrow{\scriptstyle\varphi} & & \downarrow{\scriptstyle\cong} & & \downarrow{\scriptstyle\cong} \\
0 & \longrightarrow & \operatorname{Hom}_{S^{-1}A}(S^{-1}M,\ S^{-1}N) & \longrightarrow & \operatorname{Hom}_{S^{-1}A}(S^{-1}A^n,\ S^{-1}N) & \longrightarrow & \operatorname{Hom}_{S^{-1}A}(S^{-1}A^m,\ S^{-1}N)
\end{array}
$$

图 3.13

图3.13中的两行均为正合序列，其中第一个方形是可交换的，这是因为其对应的映射如图3.14所示.

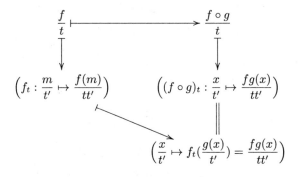

图 3.14

用类似的方式可得，第二个方形也是可交换的. 故由五项引理，可得

$$S^{-1}\operatorname{Hom}_A(M,\ N) \cong \operatorname{Hom}_{S^{-1}A}(S^{-1}M,\ S^{-1}N). \qquad \square$$

引理 3.1.4　设 $(f_i)_{i\in I}$ 为 A 中满足 $\sum_{i\in I} Af_i = A$ 的一系列元素，且 M 是一个 A-模，则有

(a) 若对所有 $i \in I$ 都有 $M_{f_i} = 0$，则 $M = 0$.

(b) 若 M_{f_i} 是一个有限生成的 A_{f_i}-模（对任一 $i \in I$），则 M 为有限生成的.

证明： (a) 设 $\mathfrak{m}$ 为 A 的任一极大理想. 由于 $\sum_{i \in I} Af_i = A$，故集合 $\{f_i : i \in I\}$ 不包含在任一极大理想 $\mathfrak{m}$ 中. 故存在一个 $i_0 \in I$ 使得 $f_{i_0} \in A - \mathfrak{m}$. 由 $M_{f_{i_0}} = 0$ 可知 $M_{\mathfrak{m}} = 0$，从而有 $M = 0$.

(b) 由于 $\sum_{i \in I} Af_i = A$，则有 $\sum_{i=1}^{n} a_i f_i = 1$，其中 $a_1, \cdots, a_n \in A$. 由假设，M_{f_i} 是有限生成的，我们可取 M_{f_i} 的一个有限子集作为 A_{f_i} 上的一个生成元组. 更进一步，我们可取生成元具有如下形式：

$$\frac{m_{i_1}}{f_i^N}, \; \frac{m_{i_2}}{f_i^N}, \; \cdots, \; \frac{m_{i_k}}{f_i^N}, \; 1 \leqslant i \leqslant n,$$

则对任意 $m \in M$，在 M_{f_i} 中可将 $\dfrac{m}{1}$ 写成

$$\frac{m}{1} = \frac{\sum\limits_{j=i}^{k} b_{ij} m_{ij}}{f_i^{N'}},$$

其中 $b_{ij} \in A$，则存在 N'' 使得

$$f_i^{N''} m = \sum_{j=1}^{k} b_{ij}' m_{ij}.$$

由 $\langle f_1, f_2, \cdots, f_n \rangle = (1)$，可得 $\langle f_1^{N''}, f_2^{N''}, \cdots, f_n^{N''} \rangle = (1)$，即存在 $a_1', \cdots, a_n' \in A$，使得 $\sum_{i=1}^{n} a_i' f_i^{N''} = 1$，从而有

$$m = m \cdot \sum_{i=1}^{n} a_i' f_i^{N''} = \sum_{i=1}^{n} a_i' \sum_{j=1}^{k} b_{ij}' m_{ij} = \sum_{i=1}^{n} \sum_{j=1}^{k} c_{ij} m_{ij},$$

其中 $c_{ij} \in A$. 故 M 在 A 上是有限生成的. $\qquad \square$

定理 3.1.1 设 P 是一个 A-模，则下面的命题等价：

(i) P 是有限生成的射影 A-模；

(ii) P 是有限表现的且对 A 的任一素理想 $\mathfrak{p}$，$P_{\mathfrak{p}}$ 是一个自由 $A_{\mathfrak{p}}$-模；

(iii) P 是有限表现的且对 A 的任一极大理想 $\mathfrak{m}$，$P_{\mathfrak{m}}$ 是一个自由

$A_{\mathfrak{m}}$-模.

(iv) 存在 A 的一系列元素 $(f_i)_{i \in I}$ 满足 $\sum_{i \in I} A f_i = A$，使得对任意 $i \in I$，P_{f_i} 是秩为有限的自由 A_{f_i}-模.

证明: (i) $\Rightarrow$ (ii): 设 P 为有限生成的射影 A-模，则由推论3.1.1，存在 A-模 Q，使得对某个 $n < \infty$，$P \oplus Q \cong A^n$，则 Q 是有限生成的，从而 P 是有限表现的. 设 $\mathfrak{p}$ 为 A 的任一素理想，则有

$$A_{\mathfrak{p}}^n \cong (P \oplus Q)_{\mathfrak{p}} \cong P_{\mathfrak{p}} \oplus Q_{\mathfrak{p}},$$

这说明 $P_{\mathfrak{p}}$ 是有限生成的射影 $A_{P_{\mathfrak{p}}}$-模. 故由性质3.1.3，$P_{\mathfrak{p}}$ 是自由的.

(ii) $\Rightarrow$ (iii) 是显然的，这是因为极大理想也是素理想.

(iii) $\Rightarrow$ (iv): 设 $\mathfrak{m}$ 为 A 的任一极大理想，且假设有图 3.15，其中 g，h 为同构且它们互为对方的逆.

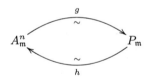

图 3.15

由引理 3.1.3，可得

$$\mathrm{Hom}_{A_{\mathfrak{m}}}(A_{\mathfrak{m}}^n,\ P_{\mathfrak{m}}) \cong \Big(\mathrm{Hom}_A(A^n,\ P) \Big)_{\mathfrak{m}},$$

$$\mathrm{Hom}_{A_{\mathfrak{m}}}(P_{\mathfrak{m}},\ A_{\mathfrak{m}}^n) \cong \Big(\mathrm{Hom}_A(P,\ A^n) \Big)_{\mathfrak{m}}.$$

故存在 $g' \in \mathrm{Hom}_A(A^n,\ P)$，$h' \in \mathrm{Hom}_A(P,\ A^n)$ 以及 $s,\ t \in A - \mathfrak{m}$，使得 $g = \dfrac{g'}{s}$，$h = \dfrac{h'}{t}$，则有

$$\frac{\mathrm{id}_P}{1} = \mathrm{id}_{P_{\mathfrak{m}}} = \frac{g'h'}{st},\quad \frac{\mathrm{id}_{A^n}}{1} = \mathrm{id}_{A_{\mathfrak{m}}^n} = \frac{h'g'}{st}.$$

故存在 u, $v \in A - \mathfrak{m}$, 使得 $g'h'u = (stu)\mathrm{id}_P$ 且 $h'g'v = (stv)\mathrm{id}_{A^n}$. 令

$$f_{\mathfrak{m}} = stuv, \quad g'' = \frac{(tuv)g'}{f_{\mathfrak{m}}}, \quad h'' = \frac{(suv)h'}{f_{\mathfrak{m}}},$$

则 $g'' \in \mathrm{Hom}_{A_{f_{\mathfrak{m}}}}(A_{f_{\mathfrak{m}}}^n, P_{f_{\mathfrak{m}}})$ 且 $h'' \in \mathrm{Hom}_{A_{f_{\mathfrak{m}}}}(P_{f_{\mathfrak{m}}}, A_{f_{\mathfrak{m}}}^n)$. 此外, 我们可得到

$$g''h'' = \frac{g'h'}{st} = \mathrm{id}_{P_{f_{\mathfrak{m}}}}, \quad h''g'' = \frac{h'g'}{st} = \mathrm{id}_{A_{f_{\mathfrak{m}}}^n},$$

即 g'', h'' 为互逆的同构. 因此 $P_{f_{\mathfrak{m}}}$ 是秩为有限的自由 $A_{f_{\mathfrak{m}}}$-模. 令 $\mathfrak{m}$ 取遍 A 的所有极大理想, 可得 A 的一系列元素 $f_{\mathfrak{m}}$, 它们不包含在 A 的任意一个极大理想中, 因此这些 $f_{\mathfrak{m}}$ 可生成 A.

(iv) $\Rightarrow$ (i): 由于 A 的幺元可表示成有限多个 f_i 的线性组合, 故可假设指标集 I 为有限的. 对任意 $i \in I$, 选择合适的同构 $g_i : A_{f_i}^{n_i} \to P_{f_i}$, 使得 $A_{f_i}^{n_i}$ 的标准基中的 j 个元素 $(0, \cdots, \frac{1}{1}, \cdots, 0)$ 的象具有 $\frac{p_{ij}}{1}, 1 \leqslant j \leqslant n_i$ 的形式. 令

$$g_i' : A^{n_i} \to P, \quad (0, \cdots, 1, \cdots, 0) \mapsto p_{ij},$$

则图3.16可交换.

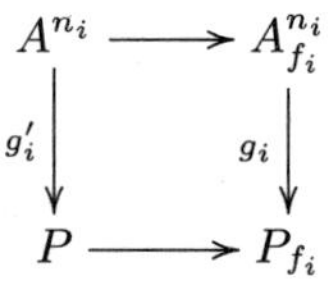

图 3.16

这些 g_i' 可诱导映射

$$g : A^{\sum_{i \in I} n_i} \to P$$

且有

$$\Big(\mathrm{Coker}(g) \Big)_{f_i} = 0.$$

由引理 3.1.4，可得 g 是满射. 考虑映射

$$g \otimes \mathrm{id}_{A_{f_i}} : A_{f_i}^{\sum_{i\in I} n_i} \to P_{f_i},$$

则

$$\mathrm{Ker}(g \otimes \mathrm{id}_{A_{f_i}}) \cong A_{f_i}^{\sum_{j\neq i} n_i}$$

是有限生成的，从而 $\mathrm{Ker}(g)_{f_i} \cong \mathrm{Ker}(g \otimes \mathrm{id}_{A_{f_i}})$ 是有限生成的. 故由引理3.1.4，$\mathrm{Ker}(g)$ 也是有限生成的. 这就说明 P 是有限表示的. 将引理3.1.3应用到任意 A-模的满射 $\varphi' : M \to N$ 上，可得交换图3.17.

$$\begin{array}{ccccccc}
\Big(\mathrm{Hom}_A(P,\ M)\Big)_{f_i} & \xrightarrow{\varphi\otimes \mathrm{id}_{A_{f_i}}} & \Big(\mathrm{Hom}_A(P,\ N)\Big)_{f_i} & \longrightarrow & \mathrm{Coker}(\varphi\otimes \mathrm{id}_{A_{f_i}}) & \longrightarrow & 0 \\
\downarrow \cong & & \downarrow \cong & & & & \\
\mathrm{Hom}_{A_{f_i}}(P_{f_i},\ M_{f_i}) & \longrightarrow & \mathrm{Hom}_{A_{f_i}}(P_{f_i},\ N_{f_i}) & & & &
\end{array}$$

图 3.17

图3.17的第一行为正合的，且其中 $\varphi : \mathrm{Hom}_A(P,\ M) \to \mathrm{Hom}_A(P,\ N)$ 是由 φ' 诱导的自然映射. 此外，$\varphi' : M \to N$ 是满射说明由 φ' 诱导的映射 $M_{f_i} \to N_{f_i}$ 也是满射. 由于 P_{f_i} 在 A_{f_i} 上是自由的，从而也是射影的，则图3.17中第二行的映射是满射. 由五项引理，可得

$$\mathrm{Coker}(\varphi \otimes \mathrm{id}_{A_{f_i}}) \cong \Big(\mathrm{Coker}(\varphi)\Big)_{f_i} = 0,$$

因而 φ 是满射. 由性质 3.1.2可知，P 是射影的.

这就完成了定理的证明. □

现令 P 为一个有限生成的射影 A-模. 由定理 3.1.1(ii)，对任意 $\mathfrak{p} \in \mathrm{Spec}(A)$，$P_{\mathfrak{p}}$ 是自由 $A_{\mathfrak{p}}$-模，记 $P_{\mathfrak{p}}$ 在 $A_{\mathfrak{p}}$ 上的秩为 $\mathrm{rk}_{A_{\mathfrak{p}}}(P_{\mathfrak{p}})$，则可定义秩函数如下：

$$\mathrm{rank}(P) = \mathrm{rank}_A(P) : \mathrm{Spec}\, A \longrightarrow \mathbb{Z}, \quad \mathfrak{p} \mapsto \mathrm{rk}_{A_{\mathfrak{p}}}(P_{\mathfrak{p}}).$$

我们可将上面的秩函数看成拓扑空间之间的函数，其中 $\mathbb{Z}$ 上的拓扑为离散拓扑，则该函数为局部常值函数，从而是连续的. 此外，如果 $\operatorname{Spec} A$ 是连通的，即 A 中没有非平凡的幂等元素，则秩函数 $\operatorname{rank}(P)$ 是常数，且可以被视为一个非负整数.

定义 3.1.3 设 P 是一个有限生成的射影 A-模. 如果对所有 $\mathfrak{p} \in \operatorname{Spec}(A)$，都有 $\operatorname{rank}(P)(\mathfrak{p}) \geqslant 1$，则我们称 P 是**忠实射影的**.

性质 3.1.4 设 P 是一个有限生成的射影 A-模，则下面四个命题等价：

(i) P 是忠实射影的；

(ii) 映射

$$\phi : A \to \operatorname{End}_{\mathbb{Z}}(P), \quad a \mapsto (f_a : p \mapsto a \cdot p)$$

为单射；

(iii) P 是忠实的，即一个 A-模 M 等于零当且仅当 $M \otimes_A P = 0$；

(iv) P 是忠实平坦的，即一个 A-模序列 $M_0 \to M_1 \to M_2$ 是正合的当且仅当其诱导序列

$$M_0 \otimes_A P \to M_1 \otimes_A P \to M_2 \otimes_A P$$

也是正合的.

证明： 首先证明 (ii) 的一个等价论述. 由于映射

$$\phi : A \to \operatorname{End}_{\mathbb{Z}}(P), \quad a \mapsto (f_a : p \mapsto a \cdot p)$$

是 $\mathbb{Z}$-线性的，且它在 $\operatorname{End}_{\mathbb{Z}}(P)$ 上定义了一个 A-模结构，则有 $\operatorname{Ker}(\phi) = \operatorname{Ann}(P)$. 因此 (ii) 成立当且仅当 $\operatorname{Ann}(P) = 0$. 下面我们来完成性质的证明.

(i) $\Rightarrow$ (ii)：假设 P 在 A 上是忠实射影的. 任取 $a \in \operatorname{Ann}(P)$，则只需证明 $a = 0$. 首先我们说明 $a \in \mathfrak{R}(A)$[即 A 的雅各布森根 (Jacobson radical)].

若不然，则存在 A 的一个极大理想 $\mathfrak{m}$，使得 $a \in A - \mathfrak{m}$，则由 $a \in \mathrm{Ann}(P)$ 可知 $P_\mathfrak{m} = 0$，这与 P 是忠实射影的矛盾. 因此有 $a \in \mathfrak{R}(A)$. 对 A 的任一极大理想 $\mathfrak{m}$，由于 $P_\mathfrak{m}$ 是一个秩不小于 1 的自由 $A_\mathfrak{m}$-模，故存在 $x \in P$ 与 $t \in A - \mathfrak{m}$，使得 $\dfrac{x}{t} \neq 0$. 但是由于 $\dfrac{a}{1} \cdot \dfrac{x}{t} = 0$，故在 $A_\mathfrak{m}$ 中，可得 $\dfrac{a}{1} = 0$，从而存在一个 $s_\mathfrak{m} \in A - \mathfrak{m}$ 使得 $a s_\mathfrak{m} = 0$. 令 $\mathfrak{m}$ 取遍 A 的所有极大理想，可以得到 A 的一系列元素 $\{s_\mathfrak{m}\}$. 这些元素 $s_\mathfrak{m}$ 构成的集合不包含在 A 的任何一个极大理想中，因此它们可生成 A. 故存在 r_1, r_2, $\cdots$, $r_n \in A$，使得 $\sum\limits_{i=1}^{n} r_i s_i = 1$，其中 s_i 为前面所述过程中取得的元素，满足 $a s_i = 0$. 因此有 $a = \sum\limits_{i=1}^{n} r_i s_i a = 0$.

(ii) $\Rightarrow$ (iii): 假设 (ii) 成立，(iii) 中结论的充分性是显然的，下面证必要性. 设 $M \otimes_A P = 0$，对 A 的任一极大理想 $\mathfrak{m}$，由于 P 是有限生成的射影 A-模，故 $P_\mathfrak{m}$ 为秩有限的自由 $A_\mathfrak{m}$-模. 设 $P_\mathfrak{m} = A_\mathfrak{m}^n$，由于 P 是有限生成的，故由 (ii) 可得 $P_\mathfrak{m} \neq 0$，从而 $n \geqslant 1$. 但由于

$$0 = (M \otimes_A P)_\mathfrak{m} \cong M_\mathfrak{m} \otimes_{A_\mathfrak{m}} P_\mathfrak{m} \cong M_\mathfrak{m}^n,$$

因此有 $M_\mathfrak{m} = 0$，故 $M = 0$.

(iii) $\Rightarrow$ (iv): 假设 (iii) 成立，由于射影模均为平坦的，故 (iv) 中结论的充分性是显然的. 反过来，设 $M_0 \xrightarrow{f} M_1 \xrightarrow{g} M_2$ 是一个 A-模序列，且其诱导的序列

$$M_0 \otimes_A P \xrightarrow{f \otimes \mathrm{id}_P} M_1 \otimes_A P \xrightarrow{g \otimes \mathrm{id}_P} M_2 \otimes_A P$$

是正合的，则有 $0 = (g \otimes \mathrm{id}_P) \circ (f \otimes \mathrm{id}_P) = (gf \otimes \mathrm{id}_P)$. 由 (iii)，我们可得到 $gf = 0$，即 $\mathrm{Im}(f) \subseteq \mathrm{Ker}(g)$. 令 $M = \mathrm{Ker}(g)/\mathrm{Im}(f)$，则由引理 3.1.2，可得

$$M \otimes_A P \cong \mathrm{Ker}(g \otimes \mathrm{id}_P)/\mathrm{Im}(f \otimes \mathrm{id}_P) = 0.$$

故有 $M = 0$，即 $M_0 \xrightarrow{f} M_1 \xrightarrow{g} M_2$ 是正合的.

(iv) $\Rightarrow$ (i): 我们需要证明对 A 的任意素理想 $\mathfrak{p}$，其在秩函数下的象

$\operatorname{rank}(P)(\mathfrak{p}) \geqslant 1$，即 $P_{\mathfrak{p}} \neq 0$. 采用反证法证明，假设存在 $\mathfrak{p} \in \operatorname{Spec} A$ 使得 $P_{\mathfrak{p}} = 0$，则序列

$$0 \to P_{\mathfrak{p}} = P \otimes_A A_{\mathfrak{p}} \to 0$$

为正合的. 由 (iv)，序列 $0 \to P_{\mathfrak{p}} \to 0$ 也是正合的，即 $A_{\mathfrak{p}} = 0$. 故有 $0 \in A - \mathfrak{p}$，矛盾.

这就完成了该性质的证明.   □

设 P 是一个有限生成的射影 A-模，且 $P^{\vee} = \operatorname{Hom}_A(P, A)$ 表示 P 的对偶模. 对任一 A-模 M，存在一个自然的双线性映射：

$$\phi' : P^{\vee} \times M \to \operatorname{Hom}_A(P, M), \quad (f, m) \mapsto (p \mapsto f(p) \cdot m).$$

该映射可诱导一个 A-模同态

$$\phi : P^{\vee} \otimes_A M \to \operatorname{Hom}_A(P, M), \quad f \otimes m \mapsto (p \mapsto f(p) \cdot m).$$

进而我们可得到如下结论.

性质 3.1.5   映射 $\phi : P^{\vee} \otimes_A M \to \operatorname{Hom}_A(P, M)$，$f \otimes m \mapsto (p \mapsto f(p) \cdot m)$ 是一个同构.

证明： 该性质的证明类似于性质 3.1.3 的证明. 我们可得到交换图 3.18.

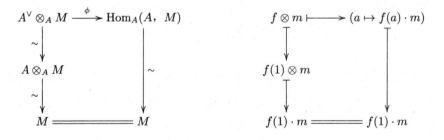

图 3.18

图 3.18 中，右图为左图中箭头对应的映射，则当 $P = A$ 时，ϕ 是一个同构. 取直和，当对某个 $n < \infty$，$P \cong A^n$ 时，ϕ 是一个同构. 对一般的 P，

与上面的过程类似，只需讨论直接被加数并应用五项引理，即可得同样的
结论. 　　　　　　　　　　　　　　　　　　　　　　　　□

性质 3.1.6　设 P 和 P' 为有限生成的射影 A-模，则 A-模 $P \oplus P'$，
$P \otimes_A P'$，$\mathrm{Hom}_A(P,\ P')$ 以及 $P^\vee$ 是有限生成的射影，且前面的这些 A-模
对应的秩分别满足

$$\mathrm{rank}(P \oplus P') = \mathrm{rank}(P) + \mathrm{rank}(P'),$$

$$\mathrm{rank}(P \otimes_A P') = \mathrm{rank}(P) \times \mathrm{rank}(P'),$$

$$\mathrm{rank}(\mathrm{Hom}_A(P,\ P')) = \mathrm{rank}(P) \times \mathrm{rank}(P'),$$

$$\mathrm{rank}(P^\vee) = \mathrm{rank}(P).$$

上面式子中的所有 $\mathrm{rank}()$ 均表示定义在 $\mathrm{Spec}\,A$ 上的秩函数.

证明:　令 Q 与 Q' 均为 A-模，且 $P \oplus Q$，$P' \oplus Q'$ 均为有限秩的自由
A-模，则下面的同构

$$(P \oplus Q) \oplus (P' \oplus Q') \cong (P \oplus P') \oplus Q_1,$$

$$(P \oplus Q) \otimes_A (P' \oplus Q') \cong (P \otimes_A P') \oplus Q_2,$$

$$\mathrm{Hom}_A(P \oplus Q,\ P' \oplus Q') \cong \mathrm{Hom}_A(P,\ P') \oplus Q_3,$$

$$(P \oplus Q)^\vee \cong P^\vee \oplus Q^\vee$$

分别说明了 $P \oplus P'$，$P \otimes_A P'$，$\mathrm{Hom}_A(P,\ P')$ 以及 $P^\vee$ 是有限生成的射影
A-模. 此外，对任意 $\mathfrak{p} \in \mathrm{Spec}\,A$，如下结论成立:

$$(P \oplus P')_\mathfrak{p} \cong P_\mathfrak{p} \oplus P'_\mathfrak{p} \cong A_\mathfrak{p}^{\mathrm{rank}(P)(\mathfrak{p})} \oplus A_\mathfrak{p}^{\mathrm{rank}(P')(\mathfrak{p})} \cong A_\mathfrak{p}^{\mathrm{rank}(P)(\mathfrak{p})+\mathrm{rank}(P')(\mathfrak{p})},$$

$$(P \otimes_A P')_\mathfrak{p} \cong P_\mathfrak{p} \otimes_{A_\mathfrak{p}} P'_\mathfrak{p} \cong A_\mathfrak{p}^{\mathrm{rank}(P)(\mathfrak{p})} \otimes_{A_\mathfrak{p}} A_\mathfrak{p}^{\mathrm{rank}(P')(\mathfrak{p})}$$

$$\cong A_\mathfrak{p}^{\mathrm{rank}(P)(\mathfrak{p}) \cdot \mathrm{rank}(P')(\mathfrak{p})},$$

$$(\mathrm{Hom}_A(P,\ P'))_\mathfrak{p} \cong \mathrm{Hom}_{A_\mathfrak{p}}(P_\mathfrak{p},\ P'_\mathfrak{p}) \cong \mathrm{Hom}_{A_\mathfrak{p}}(A_\mathfrak{p}^{\mathrm{rank}(P)(\mathfrak{p})},\ A_\mathfrak{p}^{\mathrm{rank}(P')(\mathfrak{p})})$$

$$\cong A_\mathfrak{p}^{\mathrm{rank}(P)(\mathfrak{p}) \cdot \mathrm{rank}(P')(\mathfrak{p})},$$

$$(P^\vee)_{\mathfrak{p}} \cong \mathrm{Hom}_{A_{\mathfrak{p}}}(P_{\mathfrak{p}}, \ A_{\mathfrak{p}}) \cong \mathrm{Hom}_{A_{\mathfrak{p}}}(A_{\mathfrak{p}}^{\mathrm{rank}(P)(\mathfrak{p})}, \ A_{\mathfrak{p}}) \cong A_{\mathfrak{p}}^{\mathrm{rank}(P)(\mathfrak{p})},$$

从而性质得证. $\qquad\qquad\qquad\qquad\qquad\qquad\qquad\qquad\qquad\qquad\qquad\qquad$ □

性质 3.1.7 设 B 是一个 A-代数且 P 是一个射影 A-模, 则 $P \otimes_A B$ 是一个射影 B-模. 此外, 若 P 是有限生成的, 则图3.19为交换图.

$$\begin{array}{ccc}
\mathrm{Spec}\,B & \longrightarrow & \mathrm{Spec}\,A \\
{\scriptstyle \mathrm{rank}_B(P\otimes B)} \downarrow & & \downarrow {\scriptstyle \mathrm{rank}_A(P)} \\
\mathbb{Z} & =\!=\!=\!= & \mathbb{Z}
\end{array}$$

图 3.19

证明: 由于 P 是一个射影 A-模, 故存在 A-模 Q, 使得 $P \oplus Q$ 是一个自由 A-模, 则

$$(P \otimes_A B) \oplus (Q \otimes_A B) \cong (P \oplus Q) \otimes_A B$$

是一个自由 B-模. 这证明了性质的第一部分.

现在我们假设 P 是有限生成的射影 A-模, 且映射 $A \xrightarrow{\varphi} B$ 使得 B 成为一个 A-代数, 则对任意 $\mathfrak{p} \in \mathrm{Spec}\,B$, 可得到

$$\begin{aligned}
B_{\mathfrak{p}}^{\mathrm{rank}(P\otimes_A B)(\mathfrak{p})} &\cong (P \otimes_A B)_{\mathfrak{p}} \cong P \otimes_A B_{\mathfrak{p}} \\
&\cong P \otimes_A A_{\varphi^{-1}(\mathfrak{p})} \otimes_{A_{\varphi^{-1}(\mathfrak{p})}} B_{\mathfrak{p}} \\
&\cong P_{\varphi^{-1}(\mathfrak{p})} \otimes_{A_{\varphi^{-1}(\mathfrak{p})}} B_{\mathfrak{p}} \\
&\cong A_{\varphi^{-1}(\mathfrak{p})}^{\mathrm{rank}(P)(\varphi^{-1}(\mathfrak{p}))} \otimes_{A_{\varphi^{-1}(\mathfrak{p})}} B_{\mathfrak{p}} \\
&\cong B_{\mathfrak{p}}^{\mathrm{rank}(P)(\varphi^{-1}(\mathfrak{p}))},
\end{aligned}$$

即 $\mathrm{rank}(P \otimes_A B)(\mathfrak{p}) = \mathrm{rank}(P)(\varphi^{-1}(\mathfrak{p}))$. 结论得证. $\qquad\qquad$ □

定义 3.1.4 设 B 是一个 A-代数, 如果 B 是一个有限生成的射影 A-模, 则 B 被称为是**有限射影的**. 对这样的一个 A-代数 B, 我们使用记

号 $[B : A]$ 代替 $\text{rank}_A(B)$，来表示前面定义的连续秩函数，即

$$[B : A] = \text{rank}_A(B)\ \text{Spec}\, A \longrightarrow \mathbb{Z}, \quad \mathfrak{p} \mapsto \text{rk}_{A_\mathfrak{p}}(B_\mathfrak{p}).$$

性质 3.1.8　设 $f : A \to B$ 是一个环同态，且 B 为一个有限射影 A-代数，则有如下命题成立：

(a) f 是单射当且仅当 $[B : A] \geqslant 1$.

(b) 下列三个命题等价.

   (i) $[B : A] \leqslant 1$；

   (ii) f 是满射；

   (iii) 映射 $B \otimes_A B \to B$，$x \otimes y \mapsto xy$ 是一个同构.

(c) f 是一个同构当且仅当 $[B : A] = 1$.

证明：(a) 先证必要性. 设 f 为单射，我们用反证法证明 $[B : A] \geqslant 1$. 若不然，假设存在一个素理想 $\mathfrak{p} \in \text{Spec}\, A$，使得 $[B : A](\mathfrak{p}) = 0$，即 $B_\mathfrak{p} = 0$. 由于 $A_\mathfrak{p} \neq 0$，故 f 诱导的映射

$$f_\mathfrak{p} : A_\mathfrak{p} \to B_\mathfrak{p}$$

不是单射，从而 f 也不是单射，与已知矛盾. 故有 $[B : A] \geqslant 1$.

下面证充分性. 假设 $[B : A] \geqslant 1$. 由于 $B_\mathfrak{p}$ 是一个秩大于等于 1 的自由 A-模，故 $\text{Ann}(B_\mathfrak{p}) = 0$，从而 $\text{Ker}(f_\mathfrak{p}) \subseteq \text{Ann}(B_\mathfrak{p}) = 0$. 因此有

$$\text{Ker}(f)_\mathfrak{p} \cong \text{Ker}(f_\mathfrak{p}) = 0, \quad \forall \mathfrak{p} \in \text{Spec}\, A.$$

故有 $\text{Ker}(f) = 0$，从而 f 为单射.

(b) 我们按顺序 (i) $\Rightarrow$ (ii) $\Rightarrow$ (iii) $\Rightarrow$ (i) 完成 (b) 的证明.

(i) $\Rightarrow$ (ii)：我们可以假设 A 是一个局部环且 $\mathfrak{m}$ 为其极大理想. 由性质 3.1.3，$[B : A]$ 为一个常数. 若 $[B : A] = 0$，则 $B = 0$，从而 f 为满射. 若 $[B : A] = 1$，则 B 是一个秩为 1 的自由 A-模. 令 b 为 B 在 A 上的一个基，则对于 $\forall x \in B$，存在一个 $a_x \in A$，使得 $x = a_x \cdot b$，则对于任意

$\alpha \in \mathrm{End}_A(B)$，可得到

$$\alpha(x) = \alpha(a_x \cdot b) = a_x a_{\alpha(b)} b = a_{\alpha(b)} \cdot x,$$

从而 $\alpha = a_{\alpha(b)} \cdot \mathrm{id}_B$. 这说明 $\mathrm{End}_A(B)$ 是一个秩为 1 的自由 A-代数，其基为 id_B，则映射

$$g : B \to \mathrm{End}_A(B), \ b \mapsto (m_b : x \mapsto bx),$$

是 A-线性的. 又由于 $m_b(1) = b$，故 g 为单射. 下面我们考虑复合映射

$$A \xrightarrow{\ f\ } B \xrightarrow{\ g\ } \mathrm{End}_A(B),$$

其中 $1_A \mapsto 1_B \mapsto \mathrm{id}_B$. 这说明 $g \circ f$ 是一个同构. 由于 g 是单射，故 f 为满射.

(ii) $\Rightarrow$ (iii)：若 f 是满射，令 I 表示 f 的核，由同态基本定理可得 $B \cong A/I$. 我们可得到一个自然同构的复合

$$B \otimes_A B \xrightarrow{\ \sim\ } B \otimes_A A/I \xrightarrow{\ \sim\ } B/IB = B/f(I)B = B,$$
$$x \otimes y \longmapsto x \otimes \overline{a} \longmapsto \overline{a \cdot x} = \overline{f(a)x} = xy,$$

其中 $a \in A$ 且有 $f(a) = y$. 这说明映射

$$B \otimes_A B \to B, \ x \otimes y \mapsto xy$$

为同构.

(iii) $\Rightarrow$ (i)：现在假设 $B \otimes_A B \cong B$，由性质 3.1.6，

$$[B : A] = [B \otimes_A B : A] = [B : A]^2,$$

故有 $[B : A] \leqslant 1$.

(c) 由 (a)(b) 立即可得. $\qquad\qquad\qquad\qquad\qquad\qquad\qquad\qquad\qquad$ $\square$

定义 3.1.5 对一个 A-代数 B，如果它是有限射影的且 $[B : A] \geqslant 1$，

即如果它是一个忠实射影的 A-模，则它被称为是**忠实射影的**.

由性质 3.1.4可知，B 是忠实射影的当且仅当它是忠实平坦的. 下面我们给出一些关于忠实平坦代数的等价论述.

性质 3.1.9　设 B 是一个平坦的 A-代数，则下列条件是等价的：

(i) 对 A 的所有理想 $\mathfrak{a}$，有 $\mathfrak{a}^{ec} = \mathfrak{a}$；

(ii) 映射 $\operatorname{Spec} B \to \operatorname{Spec} A$ 为满射；

(iii) 对 A 的每个极大理想 $\mathfrak{m}$，我们有 $\mathfrak{m}^e \neq (1)$；

(iv) 若 M 为任一非零 A-模，则 $M_B = M \otimes_A B \neq 0$；

(v) 对每个 A-模 M，映射 $M \to M_B$，$x \mapsto x \otimes 1$ 为单射.

设 $f : A \to B$ 是一个环同态，$\mathfrak{a}$，$\mathfrak{b}$ 分别为 A，B 中的理想. 我们用 $\mathfrak{a}^e$ 表示理想 $\mathfrak{a}$ 的像 $f(\mathfrak{a})$ 在 B 中生成的理想，称为理想 $\mathfrak{a}$ 的扩张 (理想). 用 $\mathfrak{b}^c$ 表示理想 $\mathfrak{b}$ 的原像 $f^{-1}(\mathfrak{b})$，这是 A 中的一个理想，称为理想 $\mathfrak{b}$ 的限制 (理想). 关于理想的扩张与限制的性质，以及上面性质的证明，请读者参考文献 [7] (第 1 章和第 3 章习题 16).

性质 3.1.10　设 B 是一个忠实平坦的 A-代数，且 P 是一个 A-模，则 P 是一个有限生成的射影 A-模当且仅当 $P \otimes_A B$ 是一个有限生成的射影 B-模.

证明： 由性质 3.1.7，对任意 A-代数 B，必要性总是正确的. 对于充分性，我们假设 $P \otimes_A B$ 是一个有限生成的射影 B-模，则可选取一个由 B 在 A 上的生成元构成的有限集合，并使其中的生成元满足形式 $p_1 \otimes 1$，$p_2 \otimes 1$，$\cdots$，$p_n \otimes 1$，其中 $p_i \in P$ 对所有的 i 成立. 令 e_1，e_2，$\cdots$，e_n 为 A^n（在 A 上）的标准基，并定义映射如下：

$$\varphi : A^n \longrightarrow P, \quad e_i \mapsto p_i,$$

则映射 $\varphi \otimes \operatorname{id}_B : A^n \otimes_A B \longrightarrow P \otimes_A B$ 是满射. 由于 B 是忠实射影的，故由性质 3.1.4可知，φ 也是满射. 因而 P 是一个有限生成的 A-模. 令 $Q = \operatorname{Ker}(\varphi)$，再利用 B 是忠实射影的，则正合序列

$$0 \longrightarrow Q \otimes_A B \longrightarrow A^n \otimes_A B \longrightarrow P \otimes_A B \longrightarrow 0$$

分裂. 因此

$$B^n \cong A^n \otimes_A B \cong (P \otimes_A B) \oplus (Q \otimes_A B),$$

这说明 $Q \otimes_A B$ 是有限生成的射影 B-模. 将前面证明 P 是有限生成的方法用于 $Q \otimes_A B$, 可以得到 Q 也是有限生成的, 从而 P 是有限表现的.

下面任取一个 A-模 M. 首先我们证明自然映射

$$\psi : \operatorname{Hom}_A(P,\ M) \otimes_A B \longrightarrow \operatorname{Hom}_B(P \otimes_A B,\ M \otimes_A B), \quad f \otimes 1 \mapsto f \otimes \operatorname{id}_B$$

是一个 B-模的同构. 若 $P \cong A^m$ 对某个 $m < \infty$ 成立, 则图3.20为交换图, 其对应的映射如图3.21所示.

$$
\begin{array}{ccc}
\operatorname{Hom}_A(A^m,\ M) \otimes_A B & \xrightarrow{\ \psi\ } & \operatorname{Hom}_B(A^m \otimes_A B,\ M \otimes_A B) \\
\Big\uparrow \sim & & \Big\uparrow \sim \\
\big(\operatorname{Hom}_A(A,\ M)\big)^m \otimes_A B & & \operatorname{Hom}_B(B^m,\ M \otimes_A B) \\
\Big\uparrow \sim & & \Big\uparrow \sim \\
M^m \otimes_A B & & \big(\operatorname{Hom}_B(B,\ M \otimes_A B)\big)^m \\
\Big\uparrow \sim & & \Big\uparrow \sim \\
(M \otimes_A B)^m & =\!\!=\!\!= & (M \otimes_A B)^m
\end{array}
$$

图 3.20

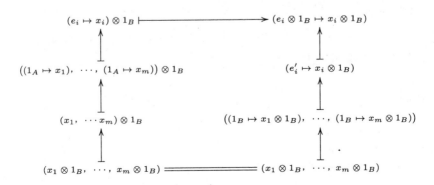

图 3.21

图3.21中所有的同构均为自然映射,且 e_1, e_2, $\cdots$, e_n 与 e'_1, e'_2, $\cdots$, e'_n 分别为 A^m(对于 A) 与 B^m(对于 B) 的标准基. 易知, 此时 ψ 是一个同构. 对于一般的 P, 我们选取一个正合序列 $A^m \to A^n \to P \to 0$, 则有交换图3.22.

$$0 \longrightarrow \operatorname{Hom}_A(P, M) \otimes_A B \longrightarrow \operatorname{Hom}_A(A^n, M) \otimes_A B \longrightarrow \operatorname{Hom}_A(A^m, M) \otimes_A B$$
$$\downarrow \psi \qquad\qquad \downarrow \cong \qquad\qquad \downarrow \cong$$
$$0 \longrightarrow \operatorname{Hom}_B(P \otimes_A B, M \otimes_A B) \longrightarrow \operatorname{Hom}_B(A^n \otimes_A B, M \otimes_A B) \longrightarrow \operatorname{Hom}_B(A^m \otimes_A B, M \otimes_A B)$$

图 3.22

由于 $\operatorname{Hom}_A(-, M)$ 是正则的且 B 为平坦的, 故图3.22中的两行均为正合序列. 根据刚才证明的关于自由模的结论, 再应用五项引理, 可得 ψ 是一个同构.

若令 $M \to N \to 0$ 为一个 A-模的正合序列, 则可得到

$$M \otimes_A B \to N \otimes_A B \to 0 \ (B \text{ 是平坦的})$$

$\Rightarrow$ $\operatorname{Hom}_B(P \otimes_A B, M \otimes_A B) \to \operatorname{Hom}_B(P \otimes_A B, N \otimes_A B) \to 0$是正合的

（这是因为 $P \otimes_A B$ 是射影的）

$\Rightarrow$ $\operatorname{Hom}_A(P, M) \otimes_A B \to \operatorname{Hom}_A(P, N) \otimes_A B \to 0$是正合的

$\Rightarrow$ $\operatorname{Hom}_A(P, M) \to \operatorname{Hom}_A(P, N) \to 0$是正合的

（这是因为 B 是忠实射影的）

$\Rightarrow$ P是一个有限生成的射影A-模.

这就完成了该性质的证明. □

设 P 是一个有限生成的射影 A-模且 $P^\vee = \operatorname{Hom}_A(P, A)$ 表示 P 的对偶模. 利用性质 3.1.5, 令 $M = P$, 可得如下同构:

$$\phi : P^\vee \otimes_A P \to \operatorname{Hom}_A(P, P) = \operatorname{End}_A(P), \quad f \otimes q \mapsto (p \mapsto f(p) \cdot q).$$

我们定义**迹**映射 $\text{tr} = \text{tr}_{P/A} : \text{End}_A(P) \to A$ 为下面的复合：

$$\text{End}_A(P) = \text{Hom}_A(P, \ P) \xrightarrow{\phi^{-1}} P^\vee \otimes_A P \longrightarrow A,$$

上式第二个映射由 $f \otimes p \mapsto f(p)$ 给出.

性质 3.1.11 设 P 为一个自由 A-模，且令 $w_1, \ w_2, \ \cdots, \ w_n$ 为它在 A 上的一个基，我们定义 $w_i^* \in P^\vee$ 为

$$w_i^*(w_j) = \begin{cases} 1, & i = j, \\ 0, & i \neq j. \end{cases}$$

令 $f \in \text{End}_A(P)$，$f(w_i) = \sum_{j=1}^{n} a_{ij} w_j$，其中 $a_{ij} \in A$，则有

(a) $P^\vee$ 是一个自由 A-模，且 $w_1^*, \ w_2^*, \ \cdots, \ w_n^*$ 为它在 A 上的一个基.

(b) $\phi^{-1}(f) = \sum_{i, \ j} a_{ij} w_i^* \otimes w_j$.

(c) $\text{tr}_{P/A}(f) = \sum_{i=1}^{n} a_{ii}$.

证明： (a) 显然 $P^\vee$ 是一个秩为 n 的自由 A-模，我们只需证明 $w_1^*, \ w_2^*$, $\cdots, \ w_n^*$ 生成 $P^\vee$. 任取 $g \in P^\vee$，对任一 $x \in P$，存在 $a_1, \ a_2, \ \cdots, \ a_n \in A$，使得 $x = \sum_{i=1}^{n} a_i w_i$，则

$$\sum_{i=1}^{n} g(w_i) w_i^*(x) = \sum_{i=1}^{n} g(w_i) w_i^* \left(\sum_{j=1}^{n} a_j w_j \right) = \sum_{i=1}^{n} g(w_i) \sum_{j=1}^{n} a_j w_i^*(w_j)$$

$$= \sum_{i=1}^{n} g(w_i) a_i = g \left(\sum_{i=1}^{n} a_i w_i \right) = g(x).$$

这说明 $g = \sum_{i=1}^{n} g(w_i) w_i^*$.

(b) 由于 ϕ 是一个同构，故我们只需要说明 $\phi \left(\sum_{i, \ j} a_{ij} w_i^* \otimes w_j \right) = f$. 我们对全部生成元进行验证. 对任一 $1 \leqslant k \leqslant n$，可得到

$$\phi \left(\sum_{i, \ j} a_{ij} w_i^* \otimes w_j \right)(w_k) = \sum_{i, \ j} a_{ij} w_i^*(w_k) \cdot w_j = \sum_{j=1}^{n} a_{kj} w_j = f(w_k).$$

(c) 计算可得，f 在迹映射下的象如图 3.23 所示.

$$\mathrm{tr}_{P/A}(f):\ \mathrm{End}_A(P)\ \xrightarrow{\ \phi\ }\ P^{\vee}\otimes_A P\ \xrightarrow{\hspace{4cm}}\ A$$

$$f\ \longmapsto\ \sum_{i,\,j}a_{ij}w_i^*\otimes w_j\ \longmapsto\ \sum_{i,\,j}a_{ij}w_i^*(w_j)=\sum_{i=1}^{n}a_{ii}.$$

图 3.23

这就完成了该性质的证明. □

注 3.1.3　在特殊情形下，当 $P=A$ 时，对任意 $f\in\mathrm{End}_A(A)$，由性质 3.1.11(c)，可得到

$$\mathrm{tr}_{A/A}(f)=f(1).$$

关于迹映射，我们有下面的性质：

性质 3.1.12　设 B 是一个 A-代数且 P 是一个有限生成的射影 A-模，则自然映射图3.24是可交换的.

$$
\begin{array}{ccc}
\mathrm{End}_A(P) & \xrightarrow{\ \otimes\mathrm{id}_B\ } & \mathrm{End}_B(P\otimes_A B) \\
{\scriptstyle \mathrm{tr}_{P/A}}\big\downarrow & & \big\downarrow{\scriptstyle \mathrm{tr}_{P\otimes_A B/B}} \\
A & \xrightarrow{\hspace{2cm}} & B
\end{array}
$$

图 3.24

证明：设 $p_1,\ p_2,\ \cdots,\ p_n$ 为模 P 对于 A 的生成元，则 $p_1\otimes 1,\ p_2\otimes 1,\ \cdots,\ p_n\otimes 1$ 生成 $P\otimes_A B$(作为 B-模). 对任意 $f\in P^{\vee}$，f 可诱导一个 B-线性映射：

$$\widetilde{f}:P\otimes_A B\to B,\quad \widetilde{f}(p\otimes b)=f(p)\cdot b.$$

结合前面定义的映射

$$\phi:P^{\vee}\otimes_A P\to\mathrm{End}_A(P),\quad f\otimes p'\mapsto(p\mapsto f(p)\cdot p'),$$

则对任意 $x \in P$ 以及 $b \in B$，可得到

$$\phi(\widetilde{f} \otimes (p \otimes 1))(x \otimes b) = \widetilde{f}(x \otimes b) \cdot (p \otimes 1) = f(x)b \cdot (p \otimes 1)$$
$$= f(x) \cdot p \otimes b = \phi(f \otimes p)(x) \otimes b$$
$$= \phi(f \otimes p)(x) \otimes \mathrm{id}_B(b) = \big(\phi(f \otimes p) \otimes \mathrm{id}_B\big)(x \otimes b).$$

因此图3.25为交换图，其对应的映射如图 3.26 所示.

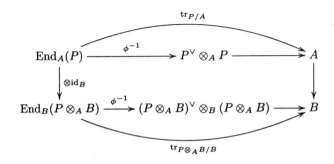

图 3.25

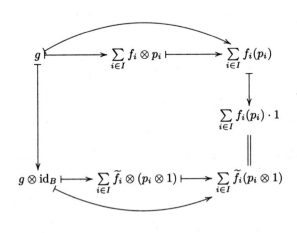

图 3.26

图 3.26 中，I 是一个有限的指标集. 这就完成了该性质的证明.　　□

性质 3.1.13 设 $0 \to P_0 \to P_1 \to P_2 \to 0$ 是一个 A-模的正合序列，

其中 P_1 与 P_2 为有限生成的射影 A-模，且 $g : P_1 \to P_1$ 是一个 A-线性映射满足，$g[P_0] \subset P_0$. 记 h 为 g 诱导的映射 $P_2 \to P_2$，则 P_0 是有限生成的射影 A-模，且

$$\mathrm{tr}_{P_1/A}(g) = \mathrm{tr}_{P_0/A}(g|_{P_0}) + \mathrm{tr}_{P_2/A}(h).$$

证明： 设 Q 为 A-模且 $P_1 \oplus Q$ 是一个有限秩的自由 A-模. 由假设，P_2 是射影的，故有 $P_1 \cong P_0 \oplus P_2$，则有

$$P_1 \oplus Q \cong P_0 \oplus P_2 \oplus Q \cong P_0 \oplus Q_1,$$

其中 $Q_1 = P_2 \oplus Q$. 这就证明了 P_0 是有限生成的射影 A-模.

由于 $P_1 \cong P_0 \oplus P_2$，则可得到图3.27.

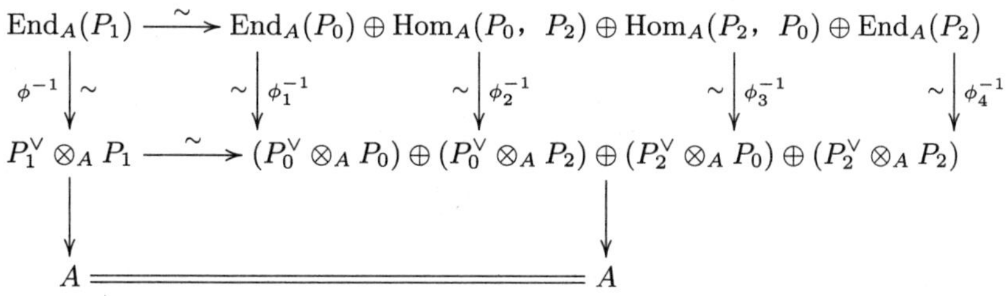

图 3.27

图3.27中，ϕ_1，ϕ_2，ϕ_3，ϕ_4 是对应的直接被加数间的同构，由性质 3.1.5 给出，且图中右端第二个箭头，即

$$(P_0^\vee \otimes_A P_0) \oplus (P_0^\vee \otimes_A P_2) \oplus (P_2^\vee \otimes_A P_0) \oplus (P_2^\vee \otimes_A P_2) \longrightarrow A$$

是映射 $P_0^\vee \otimes_A P_0 \to A$ 与 $P_2^\vee \otimes_A P_2 \to A$ 的和. 因此图3.27中第二列的两个映射的复合恰为 $\mathrm{tr}_{P_0/A} + \mathrm{tr}_{P_2/A}$. 该图为交换图，其中各个箭头对应的映射满足图 3.28.

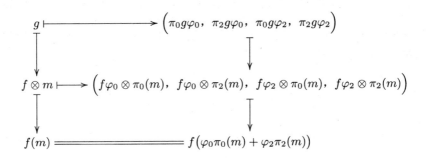

图 3.28

图 3.28 中，φ_j 为 $P_j \to P_1$ 的自然包含，且 π_j 为自然投影 $P_1 \to P_j$，$(j = 0,\ 2)$. 事实上，$g \in \mathrm{End}_A(P_1)$ 在 ϕ^{-1} 下的象具有 $\sum\limits_{i \in I} f_i \otimes m_i$ 的形式，其中 I 为有限集. 由于图中涉及的所有映射均为 A-线性的，我们不妨假设它具有形式 $f \otimes m$，则

$$\mathrm{tr}_{P_1/A}(g) = \mathrm{tr}_{P_0/A}(\pi_0 g \varphi_0) + \mathrm{tr}_{P_2/A}(\pi_2 g \varphi_2).$$

由于 $g[P_0] \subset P_0$，故 $g|_{P_0} = \pi_0 g \varphi_0$. 此外，诱导的映射 $h : P_2 \to P_2$ 就是 $\pi_2 g \varphi_2$，从而有

$$\mathrm{tr}_{P_1/A}(g) = \mathrm{tr}_{P_0/A}(g|_{P_0}) + \mathrm{tr}_{P_2/A}(h).$$

这就完成了该性质的证明.   □

性质 3.1.14 设 P 和 Q 是两个有限生成的射影 A-模且 $f : P \to Q$，$g : Q \to P$ 为两个 A-线性映射，则

$$\mathrm{tr}_{P/A}(g \circ f) = \mathrm{tr}_{Q/A}(f \circ g).$$

证明： 由性质 3.1.5，可得

$$P^\vee \otimes_A Q \xrightarrow[\phi]{\sim} \mathrm{Hom}_A(P,\ Q), \quad\longrightarrow\quad Q^\vee \otimes_A P \xrightarrow[\phi]{\sim} \mathrm{Hom}_A(Q,\ P).$$

令

$$\phi^{-1}(f) = \sum_{j \in J} f_j \otimes q_j, \ \ \phi^{-1}(g) = \sum_{i \in I} g_i \otimes p_i,$$

其中 I, J 为有限集且 $f_j \in P^\vee$, $g_i \in Q^\vee$, $q_j \in Q$, $p_i \in P$, 则对任意 $p \in P$, 可得到

$$\phi\Big(\sum_{i,\, j} f_j \otimes g_i(q_j)p_i\Big)(p) = \sum_{i,\, j} f_j(p) \cdot g_i(q_j)p_i = \sum_{j} f_j(p) \sum_{i} g_i(q_j)p_i$$
$$= \sum_{j} f_j(p)g(q_j) = g\Big(\sum_{j} f_j(p)q_j\Big) = g \circ f(p),$$

即 $\phi^{-1}(g \circ f) = \sum\limits_{i,\, j} f_j \otimes g_i(q_j)p_i$. 类似可证

$$\phi^{-1}(f \circ g) = \sum_{i,\, j} g_i \otimes f_j(p_i)q_j.$$

故由迹映射的定义可得

$$\mathrm{tr}_{Q/A}(f \circ g) = \sum_{i,\, j} g_i\big(f_j(p_i)q_j\big) = \sum_{i,\, j} g_i(q_j)f_j(p_i)$$
$$= \sum_{i,\, j} f_j\big(g_i(q_j)p_i\big) = \mathrm{tr}_{Q/A}(g \circ f).$$

结论得证. □

性质 3.1.15 设 B_1, B_2, $\cdots$, B_n 均为 A-代数, 则 $\prod\limits_{i=1}^{n} B_i$ 在 A 上是有限射影的当且仅当每个 B_i 在 A 上都是有限射影的.

证明: 该性质由引理 3.1.1 立即可得. □

性质 3.1.16 设 B 是一个有限射影 A-代数且 P 是一个有限生成的射影 B-模, 则 P 是一个有限生成的射影 A-模.

证明: 易知, P 是一个有限生成的 A-模. 令 M 为一个 A-模, 使得 $B \oplus M \cong A^n$, 且 Q 是一个 B-模, 使得 $P \oplus Q \cong B^m$ 对 m, $n < \infty$ 成立, 则有

$$A^{mn} \cong \bigoplus_{i=1}^{n} (B \oplus M)^m \cong P \oplus Q'.$$

结论得证. □

3.2 可分代数

设 B 是一个有限射影 A-代数. 对任意 $b \in B$，令 $m_b : B \to B$ 表示由与 b 的乘积定义的映射，即 $\forall x \in B$，$m_b(x) = bx$. 定义迹映射如下：

$$\mathrm{Tr}_{B/A} : B \to A,\quad b \mapsto \mathrm{tr}(m_b).$$

该映射是 A-线性的且可诱导出另一个 A-线性映射：

$$\psi : B \to \mathrm{Hom}_A(B,\ A),\quad \psi(b)(b') = \mathrm{Tr}_{B/A}(bb'),\quad \forall b,\ b' \in B.$$

我们有下面的性质.

性质 3.2.1　设 B 是一个有限射影 A-代数且 C 是一个有限射影 B-代数，则 C 是一个有限射影 A-代数，且

$$\mathrm{Tr}_{C/A} = \mathrm{Tr}_{B/A} \circ \mathrm{Tr}_{C/B}.$$

证明: 结论的第一部分由性质 3.1.16可得. 对于结论的第二部分，我们首先证明自然同态

$$\Phi : \mathrm{Hom}_A(C,\ A) \otimes_A B \longrightarrow \mathrm{Hom}_A(C,\ B),\quad f \otimes b \longmapsto (f_b : c \mapsto f(c) \cdot b)$$

是一个同构. 当 $C = B^n$，$n < \infty$ 时，由于 $\mathrm{Hom}_A(C,\ A) \otimes_A B$ 与 $\mathrm{Hom}_A(C,\ B)$ 都与 $\left(\mathrm{End}_A(B)\right)^n$ 同构，且映射 Φ 与 $\left(\mathrm{End}_A(B)\right)^n$ 上的恒等映射重合，故此时 Φ 为一个同构. 对一般情形，我们取一个正合序列 $B^m \to B^n \to C \to 0$，则可得到交换图3.29.

$$\begin{array}{ccccccc}
0 \longrightarrow & \mathrm{Hom}_A(C,\ B) & \longrightarrow & \mathrm{Hom}_A(B^n,\ B) & \longrightarrow & \mathrm{Hom}_A(B^m,\ B) \\
 & \uparrow{\scriptstyle \Phi} & & \uparrow{\scriptstyle \cong} & & \uparrow{\scriptstyle \cong} \\
0 \longrightarrow & \mathrm{Hom}_A(C,\ A) \otimes_A B & \longrightarrow & \mathrm{Hom}_A(B^n,\ A) \otimes_A B & \longrightarrow & \mathrm{Hom}_A(B^m,\ A) \otimes_A B
\end{array}$$

图 3.29

由于图 3.29 中的两行均为正合序列，故 Φ 是一个同构.

考虑图 3.30，其对应的映射如图 3.31 所示.

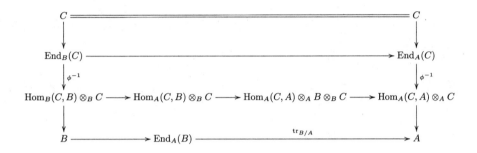

图 3.30

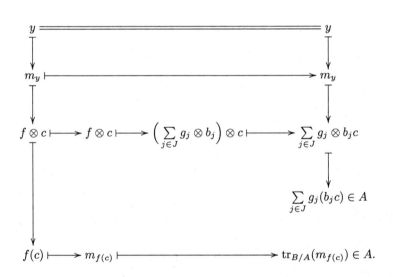

图 3.31

图 3.31 中，I, J 为有限的指标集且 $\Phi\Big(\sum\limits_{j\in J} g_j \otimes b_j\Big) = f$. 下面对右边列中第二个箭头做如下说明. 由于

$$\phi\Big(\sum_{j\in J} g_j \otimes b_j c\Big)(d) = \sum_{j\in J} g_j(d)(b_j c) \quad (\forall d \in C)$$

$$= \Big(\sum_{j \in J} g_j(d)b_j \Big) = \Phi\Big(\sum_{j \in J} g_j \otimes b_j \Big)(d)c \cdot$$

$$= f(d)c = \phi(f \otimes c)(d) = m_y(d),$$

故有 $\phi^{-1}(m_y) = \sum\limits_{j \in J} g_j \otimes b_j c$. 要证 $\mathrm{Tr}_{C/A} = \mathrm{Tr}_{B/A} \circ \mathrm{Tr}_{C/B}$，我们可等价地证明图 3.31 是可交换的，故只需证明

$$\mathrm{tr}_{B/A}(m_{f(c)}) = \sum_{j \in J} g_j(b_j c).$$

设 μ_j，μ_c 分别为下面的两个映射：

$$\mu_j : A \to B, \ a \mapsto a \cdot b_j,$$

$$\mu_c : B \to C, \ b \mapsto b \cdot c.$$

注意到 $\Phi\Big(\sum\limits_{j \in J} g_j \otimes b_j \Big) = f$，则对任意 $z \in B$，因 f 是 B-线性的，从而可得到

$$m_{f(c)}(z) = f(c)z = f(z \cdot c) = \Phi\Big(\sum_{j \in J} g_j \otimes b_j \Big)(z \cdot c)$$

$$= \sum_{j \in J} b_j g_j(zc) = \sum_{j \in J} (\mu_j \circ g_j \circ \mu_c)(c),$$

即 $m_{f(c)} = \sum\limits_{j \in J} \mu_j \circ g_j \circ \mu_c$，则由迹映射的线性性以及性质 3.1.14，可得

$$\mathrm{tr}_{B/A}(m_{f(c)}) = \mathrm{tr}_{B/A}\Big(\sum_{j \in J} \mu_j \circ g_j \circ \mu_c \Big) = \sum_{j \in J} \mathrm{tr}_{B/A}\big(\mu_j \circ (g_j \circ \mu_c) \big)$$

$$= \sum_{j \in J} \mathrm{tr}_{A/A}\big((g_j \circ \mu_c) \circ \mu_j \big) = \sum_{j \in J} (g_j \circ \mu_c \circ \mu_j)(1)$$

$$= \sum_{j \in J} g_j(cb_j) = \sum_{j \in J} g_j(b_j c).$$

综上所述，$\mathrm{Tr}_{C/A} = \mathrm{Tr}_{B/A} \circ \mathrm{Tr}_{C/B}$. 这就完成了该性质的证明. $\qquad\square$

定义 3.2.1 设 B 是一个有限射影 A-代数，如果本节开始定义的映射

$$\psi : B \to \mathrm{Hom}_A(B, \ A), \quad \psi(b)(b') = \mathrm{Tr}_{B/A}(bb'), \ \forall b, \ b' \in B$$

是一个同构, 我们称 B 是**可分的**. 在后面的内容中, 为简便起见, 我们将有限射影可分的代数简称为可分代数.

下面给出一个可分代数的例子.

例 3.2.1 设 $B = A^n (n < \infty)$, 其上的乘法定义为按分量对应相乘, B 成为 A-代数的环同态由

$$A \longrightarrow B, \quad a \mapsto (a, \ a, \ \cdots, \ a)$$

给出, 则 B 是一个有限射影 A-代数. 令 $e_1, \ \cdots, e_n$ 为 B 的标准 A-基. 对任意 $x = (x_1, \ x_2, \ \cdots, \ x_n) \in B$, 映射 $m_x : B \to B$, $y \mapsto xy$ 将 e_i 映到 $x_i \cdot e_i$. 故由性质 3.1.11, 可得到

$$\mathrm{Tr}_{B/A}(x) = \mathrm{tr}(m_x) = \sum_{i=1}^{n} x_i.$$

定义映射 $\alpha : \mathrm{Hom}_A(B, \ A) \to B$, $f \mapsto (f(e_1), \ \cdots, \ f(e_n))$, 易知 α 是 A-线性的. 再结合映射

$$\psi : B \to \mathrm{Hom}_A(B, \ A), \ x \mapsto (e_i \mapsto \mathrm{Tr}_{B/A}(xe_i) = x_i),$$

可得到

$(\alpha \circ \psi)(x) = \alpha(e_i \mapsto x_i) = (x_1, \ \cdots, \ x_n) = x,$

$(\psi \circ \alpha)(f) = \psi(f(e_1), \ \cdots, \ f(e_n)) = (e_i \mapsto \mathrm{Tr}_{B/A}((f(e_1), \ \cdots, \ f(e_n))e_i)$

$\qquad = f(e_i)) = f.$

因此 ψ 是一个同构且 $B = A^n$ 是可分的.

性质 3.2.2 设 $B_1, \ B_2, \ \cdots, \ B_n$ 为 A-代数, 则 $\prod_{i=1}^{n} B_i$ 在 A 上是可分的当且仅当每个 B_i 在 A 上都是可分的.

证明: 设 $B = \prod_{i=1}^{n} B_i$. 由性质 3.1.15, B 在 A 上是有限射影的当且仅当每个 B_i 是有限射影的. 故只需证 $\psi : B \to \mathrm{Hom}_A(B, \ A)$ 是一个同构当且仅当每个 $\psi_i : B_i \to \mathrm{Hom}_A(B_i, \ A)$ 都是同构. 令 φ_i 表示自然映射

$B_i \to B$ 且 π_i 表示投影 $B \to B_i$. 与性质 3.1.13 的证明方法类似，对任意 $b=(b_1,\ b_2,\ \cdots,\ b_n)\in B$，我们可以得到一个类似的结论，具体如下：

$$\begin{aligned}\mathrm{Tr}_{B/A}(b) = \mathrm{tr}_{B/A}(m_b) &= \sum_{i=1}^{n} \mathrm{tr}_{B_i/A}(\pi_i m_b \varphi_i)\\ &= \sum_{i=1}^{n} \mathrm{tr}_{B_i/A}(m_{b_i}) = \sum_{i=1}^{n} \mathrm{Tr}_{B_i/A}(b_i),\end{aligned}$$

则图 3.32 可交换，其对应的映射由图 3.33 给出.

$$\begin{array}{ccccc} B & & \xrightarrow{\qquad \pi_i \qquad} & & B_i \\ \downarrow{\scriptstyle \psi} & & & & \downarrow{\scriptstyle \psi_i} \\ \mathrm{Hom}_A(B,\ A) & \xrightarrow[\sim]{} & \prod_{i=1}^{n} \mathrm{Hom}_A(B_i,\ A) & \xrightarrow{\pi_i} & \mathrm{Hom}_A(B_i,\ A) \end{array}$$

图 3.32

$$\begin{array}{ccccc} b=(b_i)_{i=1}^{n} & & \longmapsto & & b_i \\ \downarrow & & & & \downarrow \\ \left(x=(x_i)_{i=1}^{n} \mapsto \mathrm{Tr}_{B/A}(bx)\right) & \longmapsto & \Big(x_i \mapsto \mathrm{Tr}_{B/A}([b_i x_i])\Big)_{i=1}^{n} & \longmapsto & \left(x_i \mapsto \mathrm{Tr}_{B_i/A}(b_i x_i)\right) \end{array}$$

图 3.33

图 3.33 中，$[x_i]$ 表示 B 中的元素 $(0,\ \cdots,\ x_i,\ \cdots,\ 0)$，其第 i 个分量为 x_i 且其余分量均为 0. 因此有

$$\mathrm{Tr}_{B/A}([b_i x_i]) = \mathrm{Tr}_{B_i/A}(b_i x_i).$$

故 ψ 是一个同构当且仅当对任意 i，ψ_i 为同构，从而结论得证. □

性质 3.2.3　设 B 是一个可分 A-代数且 C 为可分 B-代数，则 C 作为 A-代数也是可分的.

证明: 首先证明

$$\mathrm{Hom}_B\left(C,\ \mathrm{Hom}_A(B,\ A)\right) \cong \mathrm{Hom}_A(C \otimes_B B,\ A).$$

在上式左端，对 $h \in \mathrm{Hom}_A(B,\ A)$ 以及 $b,\ b' \in B$，令

$$(b' \cdot h)(b) = h(b'b).$$

上式给出了 $\mathrm{Hom}_A(B,\ A)$ 的一个 B-模结构，则对任意 $f \in \mathrm{Hom}_A(C \otimes_B B,\ A)$，可定义如下映射:

$$\widetilde{f} : C \to \mathrm{Hom}_A(B,\ A),\ c \mapsto \left(f_c : b \mapsto f(c \otimes b)\right).$$

容易验证 $\widetilde{f}$ 是 B-线性的. 此外，对任意 $g \in \mathrm{Hom}_B\left(C,\ \mathrm{Hom}_A(B,\ A)\right)$，存在一个与 g 相关的 A-双线性映射 $C \times B \to A$，其作用为 $(c,\ b) \mapsto (g(c))(b)$，从而可诱导一个 A-线性映射

$$\overline{g} : C \otimes_B B \to A,\ c \otimes b \mapsto (g(c))(b).$$

考虑如下两个映射:

$$\mathrm{Hom}_B\left(C,\ \mathrm{Hom}_A(B,\ A)\right) \to \mathrm{Hom}_A(C \otimes_B B,\ A),\ g \mapsto \overline{g},$$

$$\mathrm{Hom}_A(C \otimes_B B,\ A) \to \mathrm{Hom}_B\left(C,\ \mathrm{Hom}_A(B,\ A)\right),\ f \mapsto \widetilde{f}.$$

这两个映射互为对方的逆映射，因此都是同构.

我们可得到交换图 3.34，其对应的映射如图 3.35 所示.

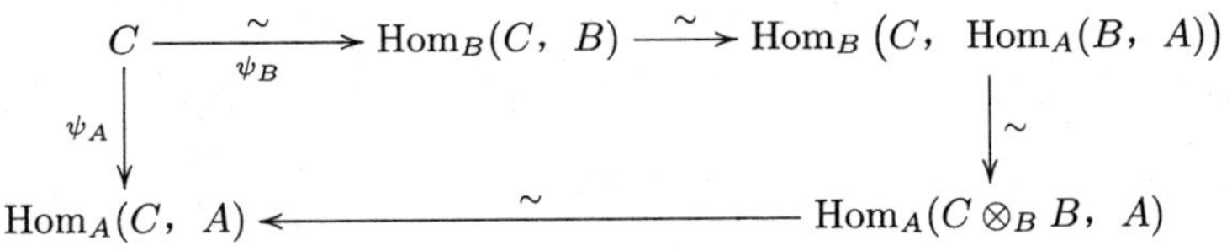

$$
\begin{array}{ccc}
C & \xrightarrow[\psi_B]{\sim}\ \mathrm{Hom}_B(C,\ B) \xrightarrow{\ \sim\ } \mathrm{Hom}_B\left(C,\ \mathrm{Hom}_A(B,\ A)\right) \\
\Big\downarrow{\scriptstyle \psi_A} & \Big\downarrow{\scriptstyle \sim} \\
\mathrm{Hom}_A(C,\ A) & \xleftarrow{\ \ \ \sim\ \ \ } \mathrm{Hom}_A(C \otimes_B B,\ A)
\end{array}
$$

图 3.34

图 3.35 中，第二行中的 "$=$" 由性质 3.2.1可得. 因此 $\psi_A : C \to$

$\mathrm{Hom}_A(C,\ A)$ 是一个同构，从而 C 是一个可分 A-代数.　　　　　　$\square$

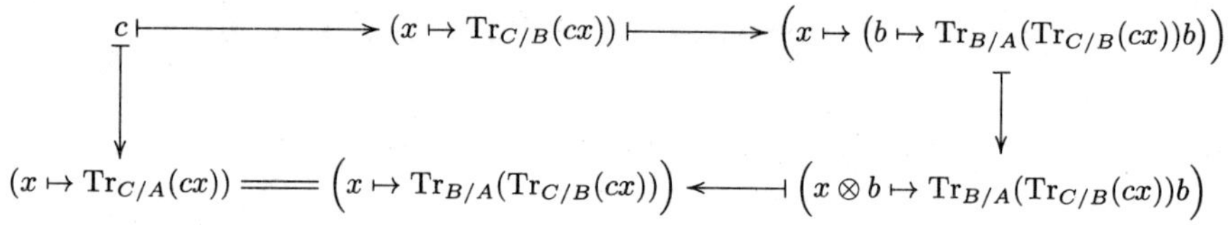

$$c \longmapsto (x \mapsto \mathrm{Tr}_{C/B}(cx)) \longmapsto \left(x \mapsto (b \mapsto \mathrm{Tr}_{B/A}(\mathrm{Tr}_{C/B}(cx))b)\right)$$

$$(x \mapsto \mathrm{Tr}_{C/A}(cx)) = \left(x \mapsto \mathrm{Tr}_{B/A}(\mathrm{Tr}_{C/B}(cx))\right) \longleftarrow \left(x \otimes b \mapsto \mathrm{Tr}_{B/A}(\mathrm{Tr}_{C/B}(cx))b\right)$$

图 3.35

性质 3.2.4　设 C 为任一 A-代数，若 B 是一个可分 A-代数，则 $B \otimes_A C$ 是一个可分 C-代数. 更进一步，若 C 是忠实平坦的，则其逆命题也成立.

证明： 由性质 3.1.7 可知，$B \otimes_A C$ 在 C 上是有限射影的. 我们只需证

$$B \otimes_A C \cong \mathrm{Hom}_C(B \otimes_A C,\ C).$$

首先我们证明下面的命题.

命题： 自然映射

$$\mathrm{Hom}_A(B,\ A) \otimes_A C \longrightarrow \mathrm{Hom}_C(B \otimes_A C,\ C),\quad f \otimes c \mapsto \left(b' \otimes c' \mapsto f(b')cc'\right)$$

是一个 C-模的同构.

当 $B \cong A^n, n < \infty$ 时，该命题显然是正确的. 这是因为 $\mathrm{Hom}_A(B,\ A) \otimes_A C$ 与 $\mathrm{Hom}_C(B \otimes_A C,\ C)$ 均同构于 C^n，且自然映射

$$\mathrm{Hom}_A(B,\ A) \otimes_A C \longrightarrow \mathrm{Hom}_C(B \otimes_A C,\ C)$$

与 C^n 上的恒等映射一致. 对于一般情形，在任意 $\mathfrak{p} \in \mathrm{Spec}\, C$ 处局部化，我们可得到交换图3.36，其中 $\mathfrak{p}^c$ 为理想 $\mathfrak{p}$ 在 A 中的限制. 至此我们完成了该命题的证明. 下面我们继续证明该性质中的结论. 由于 B 在 A 上是可分的，则在映射 ψ 下，$B \cong \mathrm{Hom}_A(B,\ A)$，从而映射 $\psi \otimes \mathrm{id}_C$ 使得 $B \otimes_A C \cong \mathrm{Hom}_A(B,\ A) \otimes_A C$. 图 3.37 是交换图，其对应的映射由图 3.38 给出. 故 $B \otimes_A C$ 是一个可分 C-代数，从而结论的第一部分得证.

$$\left(\mathrm{Hom}_C(B \otimes_A C, \ C)\right)_{\mathfrak{p}} \overset{\sim}{\longrightarrow} \mathrm{Hom}_{C_{\mathfrak{p}}}((B \otimes_A C)_{\mathfrak{p}}, \ C_{\mathfrak{p}}) \overset{\sim}{\longrightarrow} \mathrm{Hom}_{C_{\mathfrak{p}}}(C_{\mathfrak{p}}^m, \ C_{\mathfrak{p}}) \overset{\sim}{\longrightarrow} C_{\mathfrak{p}}^m$$

$$\mathrm{Hom}_A(B, \ A) \otimes_A C_{\mathfrak{p}} \overset{\sim}{\longrightarrow} \mathrm{Hom}_A(B, \ A) \otimes_A A_{\mathfrak{p}^c} \otimes_{A_{\mathfrak{p}^c}} C_{\mathfrak{p}} \overset{\sim}{\longrightarrow} A_{\mathfrak{p}^c}^m \otimes_{A_{\mathfrak{p}^c}} C_{\mathfrak{p}} \overset{\sim}{\longrightarrow} C_{\mathfrak{p}}^m$$

图 3.36

$$
\begin{array}{ccc}
B \otimes_A C & \xrightarrow{\ \psi\ } & \mathrm{Hom}_C(B \otimes_A C, \ C) \\
\| & & \uparrow{\scriptstyle\sim} \\
B \otimes_A C & \xrightarrow[\sim]{\psi \otimes \mathrm{id}_C} & \mathrm{Hom}_A(B, \ A) \otimes_A C
\end{array}
$$

图 3.37

$$
\begin{array}{ccc}
b \otimes c & \longmapsto & \left(b' \otimes c' \mapsto \mathrm{Tr}_{B \otimes_A C/C}(bb' \otimes cc') = \mathrm{Tr}_{B \otimes_A C/C}(bb' \otimes 1)cc'\right) \\
\| & & \ \| \text{ 性质 3.1.12} \\
& & \left(b' \otimes c' \mapsto \mathrm{Tr}_{B/A}(bb')cc'\right) \\
& & \uparrow \\
b \otimes c & \longmapsto & \left(b' \mapsto \mathrm{Tr}_{B/A}(bb')\right) \otimes c
\end{array}
$$

图 3.38

　　下面我们假设 C 是一个忠实平坦的 A-代数，且 $B \otimes_A C$ 在 C 上是有限射影可分的. 由性质 3.1.10 可知，B 在 A 上是有限射影的. 此外，我们可得到交换图 3.39.

$$
\begin{array}{ccc}
B \otimes_A C & \xrightarrow[\sim]{\ \psi\ } & \mathrm{Hom}_C(B \otimes_A C, \ C) \\
\downarrow{\scriptstyle \psi \otimes \mathrm{id}_C} & & \downarrow{\scriptstyle\sim} \\
\mathrm{Hom}_A(B, \ A) \otimes_A C & \xrightarrow{\ \sim\ } & \mathrm{Hom}_A(B \otimes_A C, \ A \otimes_A C)
\end{array}
$$

图 3.39

由于 C 是忠实平坦的且 B 是有限射影的，用与性质 3.1.10 相同的证明方法，可得图 3.39 中下面一行的同构. 因此 $\psi \otimes \mathrm{id}_C : B \otimes_A C \longrightarrow \mathrm{Hom}_A(B, A) \otimes_A C$ 是一个同构. 由 C 是忠实平坦的 A-代数可知，$\psi : B \to \mathrm{Hom}_A(B, A)$ 是一个同构，从而 B 在 A 上是可分的. 这就完成了该性质的证明. $\square$

引理 3.2.1 设 B 是一个可分 A-代数且 $f : B \to A$ 是一个 A-代数的同态，则存在一个 A-代数 C 以及一个 A-代数的同构 $g : B \xrightarrow{\sim} A \times C$，使得 $f = p \circ g$，其中 p 为自然投影 $A \times C \to A$.

证明：显然有 $f \in \mathrm{Hom}_A(B, A)$. 由于 B 是可分的，故 $\psi : B \to \mathrm{Hom}_A(B, A)$ 是一个同构. 令 $e \in B$ 使得 $\psi(e) = f$，即对所有 $x \in B$，$\mathrm{Tr}_{B/A}(ex) = f(x)$. 由 f 为 A-代数的同态，可得 $\mathrm{Tr}_{B/A}(e) = f(1) = 1$. 更进一步，对任意 $x, y \in B$，我们可得到

$$\mathrm{Tr}_{B/A}(exy) = f(xy) = f(x)f(y) = f(x)\,\mathrm{Tr}_{B/A}(ey) = \mathrm{Tr}_{B/A}(f(x)ey),$$

即 $\psi(ex) = \psi(f(x)e)$ 对所有 $x \in B$ 成立. 因为 ψ 是一个同构，故其为单射，从而有 $ex = f(x)e$. 这说明 $e\,\mathrm{Ker}(f) = 0$，故有 $m_e\big|_{\mathrm{Ker}(f)} = 0$. 我们可得到交换图 3.40，且其两行均为正合序列，则有

$$1 = \mathrm{Tr}_{B/A}(e) = \mathrm{tr}_{\mathrm{Ker}(f)/A}(0) + \mathrm{tr}_{A/A}(f(e)) = 0 + f(e) = f(e).$$

注意到对所有 $x \in B$，$ex = f(x)e$. 令 $x = e$，可得 $e^2 = f(e)e = e$，

$$
\begin{array}{ccccccccc}
0 & \longrightarrow & \mathrm{Ker}(f) & \longrightarrow & B & \xrightarrow{\ f\ } & A & \longrightarrow & 0 \\
& & \downarrow{\scriptstyle 0} & & \downarrow{\scriptstyle m_e} & & \downarrow{\scriptstyle m_{f(e)}} & & \\
0 & \longrightarrow & \mathrm{Ker}(f) & \longrightarrow & B & \xrightarrow{\ f\ } & A & \longrightarrow & 0
\end{array}
$$

图 3.40

即 e 是 B 中的一个幂等元. 又由于 $f(1 - e) = f(1) - f(e) = 0$，故

$1 - e \in \mathrm{Ker}(f)$，则映射

$$A \to \mathrm{Ker}(f), \quad a \mapsto a(1 - e)$$

使得 $\mathrm{Ker}(f)$ 为一个 A-代数. 事实上，对任意 $y \in \mathrm{Ker}(f)$，我们可得到

$$(1 - e)y = y - ey = y - f(y)e = y - 0 = y,$$

这说明 $1 - e$ 为 $\mathrm{Ker}(f)$ 的单位元. 由 A 的射影性，可得 $B \cong A \times \mathrm{Ker}(f)$，且其同构映射如下：

$$g : B \to A \times \mathrm{Ker}(f), \quad x \mapsto (f(x), \ x - ef(x)).$$

利用等式 $ex = f(x)e$ 以及假设 f 为 A-代数的同态，对所有 $x, y \in B$，可得到

$$
\begin{aligned}
g(xy) &= \Big(f(xy), \ xy - ef(xy) \Big) \\
&= \Big(f(xy), \ xy - ef(y)f(x) - ef(x)f(y) + e^2 f(x)f(y) \Big) \\
&= \Big(f(x)f(y), \ xy - eyf(x) - exf(y) + e^2 f(x)f(y) \Big) \\
&= \Big(f(x)f(y), \ (x - ef(x))y - (x - ef(x))ef(y) \Big) \\
&= \Big(f(x)f(y), \ (x - ef(x))(y - ef(y)) \Big) \\
&= \big(f(x), \ x - ef(x) \big)\big(f(y), \ y - ef(y) \big) \\
&= g(x)g(y).
\end{aligned}
$$

故 g 也是一个 A-代数的同构. 对任意 $x \in B$，还可得到

$$(p \circ g)(x) = p\big(f(x), \ x - ef(x)\big) = f(x),$$

即 $p \circ g = f$，结论得证. □

注 3.2.1　若 B 是一个可分 A-代数，则由性质 3.2.4可知，$B \otimes_A B$ 是一个可分 B-代数（其 B-代数结构由张量积的第二个因子给出）. 此外，

映射

$$f: B \otimes_A B \to B, \quad b \otimes b' \mapsto bb'$$

是一个 B-代数的同态. 将引理 3.2.1应用于 f, 则存在一个 B-代数 C 以及一个 B-代数的同构 $g: B \otimes_A B \xrightarrow{\sim} B \times C$, 使得图 3.41 可交换, 其中 p 为到第一个因子的投影.

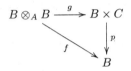

图 3.41

3.3 有限艾达尔覆盖

定义 3.3.1 设 $f: Y \to X$ 是一个概型的态射, 如果存在 X 的一个开仿射覆盖 $\{U_i\}$, 使得对每个 i, $f^{-1}(U_i)$ 是仿射的, 则我们称 f 是**仿射的**.

引理 3.3.1 设 X 是一个概型, $f \in \Gamma(X, \mathcal{O}_X)$. 定义 X_f 是点 $x \in X$ 的集合, 其中点 x 满足性质: f 在 x 的茎 (stalk)f_x 不包含在局部环 $\mathcal{O}_x$ 的极大理想 $\mathfrak{m}_x$ 中, 则概型 X 是仿射的当且仅当存在有限个元 $f_1, f_2, \cdots, f_r \in A = \Gamma(X, \mathcal{O}_X)$, 使得开子集 X_{f_i} 是仿射的, 且 $f_1, f_2, \cdots, f_r$ 在 A 中生成单位理想.

证明: 该引理就是文献 [6] 第 2 章中的习题 2.17(b), 这里略去其证明.   □

性质 3.3.1 一个概型的态射 $f: Y \to X$ 是仿射的当且仅当对每个开仿射 $U \subseteq X$, $f^{-1}(U)$ 是仿射的.

证明: 由定义 3.3.1, 充分性是显然的. 下面证明必要性. 令 $U = \operatorname{Spec} A$ 为 X 的一个开仿射, 则存在 U 的一个开仿射覆盖 $U = \bigcup_{i \in I} U_i$, 其中 $U_i =$

$\operatorname{Spec} A_{f_i}$，使得对每个 i，$f^{-1}(U_i)$ 是仿射的（具体细节请参见文献 [6] 第 3 章性质 3.2 的证明过程）. 这说明态射 $f|_{f^{-1}(U)}: f^{-1}(U) \to U$ 是仿射的.

我们可将必要性的证明化简为证明下面的命题.

命题：设 $X = \operatorname{Spec} A$ 为一个仿射概型，且态射 $f: Y \to X$ 是仿射的，则 Y 也是仿射的.

下面我们来证明该命题. 由前面的论述，我们可用开仿射子集

$$\{U_i = \mathrm{D}(f_i) = \operatorname{Spec} A_{f_i}\}_{i \in I}$$

覆盖 X，其中 $f_i \in A$ 且 $f^{-1}(U_i)$ 是仿射的. 此外，我们还令指标集 I 是有限的，设 $X = \bigcup_{i=1}^{n} \mathrm{D}(f_i)$. 取整体截影 (global section)，则 f 可诱导一个态射

$$\varphi: A \to \Gamma(Y, \mathcal{O}_Y) \triangleq B.$$

令 $g_i = \varphi(f_i)$，由于 $A = \sum_{i=1}^{n} A f_i$，故 g_1，g_2，$\cdots$，g_n 可生成 B. 记 $f^{-1}(\mathrm{D}(f_i)) = \operatorname{Spec} B_i$. 对任意 $g \in \Gamma(Y, \mathcal{O}_Y)$，

$$Y_g = \{y \in Y : g_y \nsubseteq \mathfrak{m}_y \subset \mathcal{O}_y\}$$

(引理3.3.1，更多性质请读者参见文献 [2] 第 2 章中的习题 2.16)，则有

$$Y_{g_i} \cap f^{-1}(\mathrm{D}(f_j)) = \mathrm{D}\left(g_i|_{f^{-1}(\mathrm{D}(f_j))}\right).$$

令 φ_i 为由 $f|_{f^{-1}(\mathrm{D}(f_i))}$ 诱导的环同态 $A_{f_i} \to B_i$，则图3.42为交换图，其中第二个垂直的箭头恰为整体截影的限制.

$$
\begin{array}{ccc}
A & \xrightarrow{\varphi} & B \\
\downarrow & & \downarrow \\
A_{f_j} & \xrightarrow{\varphi_i} & B_j
\end{array}
$$

图 3.42

因此有

$$\varphi_j\left(\frac{f_i}{1}\right) = \varphi(f_i)\big|_{f^{-1}(\mathrm{D}(f_j))},$$

则

$$Y_{g_i} \cap f^{-1}(\mathrm{D}(f_j)) = \mathrm{D}\left(g_i\big|_{f^{-1}(\mathrm{D}(f_j))}\right)$$

$$= \{\mathfrak{p} \in \mathrm{Spec}\, B_j : g_i\big|_{f^{-1}(\mathrm{D}(f_j))} \notin \mathfrak{p}\}$$

$$= \{\mathfrak{p} \in \mathrm{Spec}\, B_j : \varphi(f_i)\big|_{f^{-1}(\mathrm{D}(f_j))} \notin \mathfrak{p}\}$$

$$= \{\mathfrak{p} \in \mathrm{Spec}\, B_j : \varphi_j\left(\frac{f_i}{1}\right) \notin \mathfrak{p}\}$$

$$= \{\mathfrak{p} \in \mathrm{Spec}\, B_j : f_i \notin f(\mathfrak{p})\}$$

$$= f^{-1}(\mathrm{D}(f_i)) \cap f^{-1}(\mathrm{D}(f_j)),$$

从而

$$Y_{g_i} = Y_{g_i} \cap Y = Y_{g_i} \bigcap \left(\bigcup_{j=1}^{n} f^{-1}(\mathrm{D}(f_j))\right)$$

$$= \bigcup_{j=1}^{n}\left(Y_{g_i} \cap f^{-1}(\mathrm{D}(f_j))\right) = \bigcup_{j=1}^{n}\left(f^{-1}(\mathrm{D}(f_i)) \cap f^{-1}(\mathrm{D}(f_j))\right)$$

$$= f^{-1}(\mathrm{D}(f_i)) \bigcap \left(\bigcup_{j=1}^{n} f^{-1}(\mathrm{D}(f_j))\right) = f^{-1}(\mathrm{D}(f_i)) \cap Y = f^{-1}(\mathrm{D}(f_i)).$$

故 $Y_{g_i} = f^{-1}(\mathrm{D}(f_i)) = \mathrm{Spec}\, B_i$ 是仿射的. 由引理3.3.1可知, Y 是仿射的. 这就完成了该性质的证明. $\qquad\square$

性质 3.3.2 设 $Y \xrightarrow{g} Z \xrightarrow{f} X$ 是概型的态射, 且 f 与复合态射 $f \circ g$ 都是仿射的, 则 g 也是仿射的.

证明: 令 $\{U_i\}_{i \in I}$ 为 X 的一个开仿射覆盖. 由于 f 是仿射的, 故 $f^{-1}(U_i)_{i \in I}$ 是 Z 的一个开仿射覆盖. 又由于 fg 是仿射的, 从而 $\{g^{-1}\left(f^{-1}(U_i)\right) = (fg)^{-1}(U_i)\}_{i \in I}$ 是 Y 的一个开仿射覆盖. 因此由定义3.3.1, $Y \xrightarrow{g} Z$ 是一个仿射映射. $\qquad\square$

下面我们简单回顾一下有限态射的定义及简单性质, 更详细的叙述请

读者参阅文献 [6] 第 2 章第 3 节. 设 $f: Y \to X$ 是一个概型的态射, 如果存在一个由 X 的开仿射子集 $U_i = \operatorname{Spec} A_i$ 构成的覆盖, 使得对每个 i, $f^{-1}(U_i)$ 是仿射的, 且有 $f^{-1}(U_i) = \operatorname{Spec} B_i$, 则称 f 是**有限的**. 其中 B_i 是 A_i-代数且是一个有限生成的 A_i-模. 易知, 有限态射都是仿射的.

定义 3.3.2 设 $f: Y \to X$ 是一个概型的态射, 如果存在一个由 X 的开仿射子集 $U_i = \operatorname{Spec} A_i$ 构成的覆盖, 使得对每个 i, $f^{-1}(U_i) = \operatorname{Spec} B_i$ 是仿射的, 其中 B_i 是 A_i-代数, 且是一个有限生成的自由 A_i-模, 则我们称 f 是 **有限且局部自由的**.

由上面的定义可知, 一个有限且局部自由的态射是仿射映射. 类似地, 我们可得到下面的性质.

性质 3.3.3 设 $f: Y \to X$ 是一个概型的态射, 则 f 是有限且局部自由的当且仅当对 X 的每个开仿射子集 $U = \operatorname{Spec} A$, $f^{-1}(U)$ 是仿射的, 且等于 $\operatorname{Spec} B$, 其中 B 是一个有限射影 A-代数.

证明: 由定理 3.1.1(iv), 充分性显然成立. 下面证必要性. 设态射 f 是有限且局部自由的, 令 $U = \operatorname{Spec} A$ 是 X 的一个开仿射子集, 则由 f 是仿射映射可知, $f^{-1}(U)$ 是仿射的. 设 $f^{-1}(U) = \operatorname{Spec} B$, 其中 B 是一个 A-代数, 故存在 U 的一个由开仿射子集 $\{U_i = \operatorname{Spec} A_{f_i}\}_{i \in I}$ 组成的覆盖, 使得对每个 i, $f^{-1}(U_i) = \operatorname{Spec} B_{f_i}$ 是仿射的, 其中 B_{f_i} 为 A_{f_i}-代数且是一个有限生成的自由 A_{f_i}-模, 则由定理 3.1.1(iv), 可得 B 是一个有限射影 A-代数, 从而结论得证. $\square$

设 $f: Y \to X$ 是一个概型的有限且局部自由的态射, 令 $U = \operatorname{Spec} A$ 为 X 的一个开仿射子集, 则 $f^{-1}(U) = \operatorname{Spec} B$ 是仿射的, 且 B 在 A 上是有限投影的. 我们可得到一个连续的秩函数 (详见定义3.1.4) 如下:

$$[B : A] : U = \operatorname{Spec} A \longrightarrow \mathbb{Z}, \quad \mathfrak{p} \mapsto \operatorname{rk}_{A_{\mathfrak{p}}}(B_{\mathfrak{p}}).$$

显然, 这些定义在 X 的不同开仿射子集 U 上的秩函数在交集上是一致的, 故将它们粘接起来可得一个连续函数 $[Y : X] : X \longrightarrow \mathbb{Z}$, 其中 $[Y : X]|_U =$

$[B:A]$. 该函数称为 Y 在 X 上的**次数**，或称为 f 的**次数**，记为 $[Y:X]$ 或 $\deg(f)$. 与 3.1 节类似，我们将 $[Y:X]$ 视为拓扑空间中的函数. 对任意整数 n，集合

$$\{x \in \mathrm{sp}(X) \ : \ [Y:X](x) = n\}$$

是 X 的既开又闭子集，其中 $\mathrm{sp}(X)$ 表示概型 X 的底拓扑空间. 此外，若 X 是连通的，则 $[Y:X]$ 是一个常数.

定义 3.3.3 对一个概型的态射 $Y \to X$，如果它对应的底拓扑空间之间的映射是满射，则该态射被称为是**满的（或满射）**.

性质 3.3.4 设 $f : Y \to X$ 是一个概型的有限且局部自由的态射，则有：

(a) $Y = \varnothing$ 当且仅当 $[Y:X] = 0$.

(b) f 是一个同构当且仅当 $[Y:X] = 1$.

(c) 以下三个命题是等价的：

　(i) f 是满射;

　(ii) $[Y:X] \geqslant 1$;

　(iii) 对 X 的每个开仿射子集 $U = \mathrm{Spec}\, A$，我们可得到 $f^{-1}(U) = \mathrm{Spec}\, B$ 是仿射的，且 B 是一个忠实平坦的 A-代数.

证明： 我们可以假设 $X = \mathrm{Spec}\, A$ 是仿射的，则 $Y = \mathrm{Spec}\, B$ 是仿射的，且 B 为一个有限射影 A-代数.

由于 $Y = \varnothing \Leftrightarrow B = 0 \Leftrightarrow [B:A] = 0$，故结论 (a) 自然成立.

对结论 (b)，我们有下面的等价叙述：

$$\mathrm{Spec}\, B \to \mathrm{Spec}\, A\text{是一个同构}$$

$$\Longleftrightarrow \quad \text{它诱导的映射} A \to B \text{是一个同构}$$

$$\Longleftrightarrow \quad [B:A] = 1(\text{由性质 3.1.8}).$$

故结论 (b) 成立.

对结论 (c), 我们有

$$\operatorname{Spec} B \to \operatorname{Spec} A 是满射$$

$$\iff \quad B是一个忠实平坦的A\text{-}代数 \text{ (由性质 3.1.9)}$$

$$\iff \quad B在A上是忠实射影的 \text{ (由性质 3.1.4)}$$

$$\iff \quad [B:A] \geqslant 1.$$

故结论 (c) 得证. □

定义 3.3.4 设 $f : Y \to X$ 是一个概型的态射, 如果 X 存在一个由其开仿射子集 $U_i = \operatorname{Spec} A_i$ 构成的覆盖, 使得对每个 i, $f^{-1}(U_i) = \operatorname{Spec} B_i$ 是仿射的, 其中 B_i 是一个自由的可分 A_i-代数, 则 f 被称为 **有限艾达尔** (finite étale) **态射**. 在这种情形下, 我们也称 $f : Y \to X$ 是 X 的一个 **有限艾达尔覆盖** (finite étale covering).

容易验证, 一个有限艾达尔覆盖是有限且局部自由的. 此外, 我们有下面的性质.

性质 3.3.5 一个概型的态射 $f : Y \to X$ 是有限艾达尔的, 当且仅当对 X 的任一开仿射子集 $U = \operatorname{Spec} A$, $f^{-1}(U)$ 是仿射的, 等于 $\operatorname{Spec} B$, 且 B 是一个可分 A-代数 (定义3.2.1).

该性质的证明与性质3.3.3的证明类似, 不同之处有以下两个:

(1) 在3.2节定义的映射

$$\psi : B \to \operatorname{Hom}_A(B, A), \quad \psi(b)(b') = \operatorname{Tr}_{B/A}(bb'), \quad \forall b, \ b' \in B$$

是一个同构当且仅当对每个 $\mathfrak{p} \in \operatorname{Spec} A$, 其诱导的映射 $B_{\mathfrak{p}} \to \operatorname{Hom}_{A_{\mathfrak{p}}}(B_{\mathfrak{p}}, A_{\mathfrak{p}})$ 是一个同构.

(2) 对所有 $\mathfrak{p} \in D(f) = \{\mathfrak{p} \in \operatorname{Spec} A : f \notin \mathfrak{p}\}$, $B_{\mathfrak{p}} \cong (B_f)_{\mathfrak{p}}$, 其中 $f \in A$.

3.4　有限艾达尔态射的性质

本节我们给出一些有限且局部自由的以及有限艾达尔态射的性质.

性质 3.4.1　设 $f_i : Y_i \to X$ 为概型的态射, $1 \leqslant i \leqslant n$, 且令

$$f : Y = Y_1 \amalg Y_2 \amalg \cdots \amalg Y_n \longrightarrow X$$

为由 $\{f_i\}$ 诱导的态射, 则 f 是有限且局部自由的 (或有限艾达尔的) 当且仅当每个 f_i 是有限且局部自由的 (或有限艾达尔的). 此外, 若 f_i 是有限且局部自由的, 我们可得到

$$[Y : X] = \sum_{i=1}^{n} [Y_i : X].$$

证明: 我们先证明态射 f 是有限且局部自由的情形. 设 $U = \operatorname{Spec} A$ 是 X 的一个开仿射子集, 则有

$$f^{-1}(U) = f_1^{-1}(U) \amalg f_2^{-1}(U) \amalg \cdots \amalg f_n^{-1}(U).$$

f 是有限且局部自由的, 当且仅当 $f^{-1}(U) = \operatorname{Spec} B$ 且 B 是有限射影 A-代数, 即 $B = \prod_{i=i}^{n} B_i$ 是有限射影 A-代数, 其中 $f_i^{-1}(U) = \operatorname{Spec} B_i$. 由性质 3.1.15, 上述论断成立当且仅当每个 B_i 是有限射影 A-代数, 即 f_i 是有限且局部自由的.

类似地, 对 f 是有限艾达尔态射的情形, 利用性质3.2.2可得结论.

现假设 $f : Y \to X$ 是有限且局部自由的 (注意到有限艾达尔态射总是有限且局部自由的), 则对任意 $\mathfrak{p} \in X$, 存在 $\mathfrak{p}$ 的一个仿射邻域, 设为 $U = \operatorname{Spec} A$, 使得 $f^{-1}(U) = \operatorname{Spec} B$, 其中 $B = \prod_{i=i}^{n} B_i$ 且 $f_i^{-1}(U) = \operatorname{Spec} B_i$, B_i 是有限射影 A-代数. 我们可得到

$$[Y : X](\mathfrak{p}) = [B : A](\mathfrak{p}) = \sum_{i=i}^{n} [B_i : A](\mathfrak{p}) = \sum_{i=i}^{n} [Y_i : X](\mathfrak{p}),$$

从而有 $[Y : X] = \sum_{i=1}^{n} [Y_i : X]$.　　　　　　　　　　　　　　　$\square$

性质 3.4.2　设 $(X_i)_{i \in I}$ 为一系列概型, 且对每个 $i \in I$, $f_i : Y_i \to X_i$ 是一个有限且局部自由的 (或有限艾达尔) 态射, 则它们诱导的态射

$$f : \coprod_{i \in I} Y_i \longrightarrow \coprod_{i \in I} X_i$$

是有限且局部自由的 (或有限艾达尔的), 且每个有限且局部自由的 (或有限艾达尔) 态射 $Y \longrightarrow \coprod_{i \in I} X_i$ 均可由此方式得到. 此外, 对每个 $j \in I$, 我们可得到

$$\left[\coprod_{i \in I} Y_i : \coprod_{i \in I} X_i \right] \Big|_{\mathrm{sp}(X_j)} = [Y_j : X_j].$$

证明: 对每个 $i \in I$, 令 $\{U_{ij} = \mathrm{Spec}\, A_{ij}\}_{j \in J_i}$ 是 X_i 的一个开仿射覆盖. 由于 f_i 是有限且局部自由的 (或有限艾达尔) 态射, 故 $f_i^{-1}(U_{ij})$ 是仿射的, 且 $f_i^{-1}(U_{ij}) = \mathrm{Spec}\, B_{ij}$, 其中 B_{ij} 是一个 A_{ij}-代数且是一个有限生成的自由 A_{ij}-模 (或 B_{ij} 是一个自由的可分 A_{ij}-代数). 注意到 $\{U_{ij}\}_{i,\, j}$ 是 $\coprod_{i \in I} X_i$ 的一个开仿射覆盖, 且 $f^{-1}(U_{ij}) = f_i^{-1}(U_{ij})$, 因此可知, f 是有限且局部自由的 (或有限艾达尔) 态射.

现假设 $f : Y \to \coprod_{i \in I} X_i$ 是一个有限且局部自由的 (或有限艾达尔) 态射. 令 $Y_i = f^{-1}(X_i)$, 则 $Y = \coprod_{i \in I} Y_i$. 对 X_i 的任一开仿射子集 $U_i = \mathrm{Spec}\, A_i$, U_i 也是 $\coprod_{i \in I} X_i$ 的一个开仿射子集, 则 $f^{-1}(U_i) = \mathrm{Spec}\, B_i$ 是 Y 的一个开仿射子集, 其中 B_i 是一个有限射影 (或可分)A_i-代数. 此外, 由于 $f^{-1}(U_i) = f^{-1}(U_i) \cap Y_i$, 故 $f^{-1}(U_i)$ 也是 Y_i 的开子集. 由性质3.3.3 (或性质3.3.5), 可得映射 $f_i := f|_{Y_i} : Y_i \to X_i$ 是有限且局部自由的 (或有限艾达尔的), 且 f 恰为 $f_{i \, i \in I}$ 诱导的态射.

对任意 $\mathfrak{p} \in X_j$, 存在 X_j 的一个开仿射子集 $U_j = \mathrm{Spec}\, A_j$, 使得 $\mathfrak{p} \in U_j$, $f^{-1}(U_j) = \mathrm{Spec}\, B_j \subseteq Y_j$ 且 B_j 是一个有限射影 A_j-代数, 则有

$$\left[\coprod_{i \in I} Y_i : \coprod_{i \in I} X_i \right](\mathfrak{p}) = [B_j : A_j](\mathfrak{p}) = [Y_j : X_j](\mathfrak{p}).$$

这说明对每个 $j \in I$, 有

$$\left[\coprod_{i\in I} Y_i : \coprod_{i\in I} X_i\right]\Big|_{\mathrm{sp}(X_j)} = [Y_j : X_j].$$

这就完成了该性质的证明. □

性质 3.4.3 设 $f: Y \to X$ 是一个概型的有限且局部自由的 (或有限艾达尔) 态射，且令 $W \to X$ 为任一概型的态射，则

(a) $Y \times_X W \to W$ 是有限且局部自由的 (或有限艾达尔的).

(b) 图 3.43 为交换图.

$$\begin{array}{ccc} \mathrm{sp}(W) & \longrightarrow & \mathrm{sp}(X) \\ {\scriptstyle [Y\times_X W:W]}\downarrow & & \downarrow{\scriptstyle [Y:X]} \\ \mathbb{Z} & = & \mathbb{Z} \end{array}$$

图 3.43

(c) 若 f 是满射，则自然投影 $Y \times_X W \to W$ 也是满射.

证明: 对于 (a)，假设我们有交换图3.44，其中 p_1，p_2 为自然投影.

$$\begin{array}{ccc} Y\times_X W & \xrightarrow{p_1} & Y \\ {\scriptstyle p_2}\downarrow & & \downarrow{\scriptstyle f} \\ W & \xrightarrow{g} & X \end{array}$$

图 3.44

令 $\{U_i = \mathrm{Spec}\, A_i\}_{i\in I}$ 是 X 的一个开仿射覆盖，且令 $W_i = g^{-1}(U_i)$，$Y_i = f^{-1}(U_i)$. 由于 f 是有限且局部自由的 (或有限艾达尔的)，从而 Y_i 是仿射的，且等于 $\mathrm{Spec}\, B_i$，其中 B_i 是一个有限射影 (或可分) A_i-代数. 设 $\{W_{ij} = \mathrm{Spec}\, C_{ij}\}_{j\in J_i}$ 是 W_i 的由开仿射子集构成的覆盖，则 $\{W_{ij}\}_{i,j}$ 是 W 的一个开仿射覆盖. 更进一步，我们有

$$\begin{aligned} p_2^{-1}(W_{ij}) &\cong Y \times_X W_{ij} \cong Y_i \times_{U_i} W_{ij} \\ &= \mathrm{Spec}\, B_i \times_{\mathrm{Spec}\, A_i} \mathrm{Spec}\, C_{ij} = \mathrm{Spec}(B_i \otimes_{A_i} C_{ij}). \end{aligned}$$

(对于上式的前两个同构, 请读者参见文献 [6] 第 3 章中的定理 3.3). 由性质 3.1.7(或性质 3.2.4), 可得 $B_i \otimes_{A_i} C_{ij}$ 是有限射影 (或可分)C_{ij}-代数, 这说明 $p_2 : Y \times_X W \to W$ 是有限且局部自由的 (或有限艾达尔的).

(b) 由性质 3.1.7 可得.

对于 (c), 现假设 $f : Y \to X$ 是满射. 由性质3.3.4 (c), 可得 $[Y : X] \geqslant 1$, 则由 (b) 可得 $[Y \times_X W : W] \geqslant 1$, 因而 $Y \times_X W \to W$ 也是满射.　　□

性质 3.4.4　设 $g : Z \to Y$ 与 $f : Y \to X$ 都是概型的有限且局部自由的 (或有限艾达尔) 态射, 则 $f \circ g$ 是有限且局部自由的 (或有限艾达尔) 态射.

证明: 对于 f 是有限且局部自由的情形, 可由性质3.3.3与性质3.2.1得到结论. 类似地, 性质3.3.5与性质3.2.3可用于证明当 f 为有限艾达尔态射时的结论.　　□

注 3.4.1　下一章, 对于 f 是有限艾达尔态射的情形, 我们将给出一个不同的证明, 利用一个满的、有限且局部自由的态射进行换基 (base change).

性质 3.4.5　设 $g : Z \to X$ 与 $f : Y \to X$ 均为概型的有限且局部自由的 (或有限艾达尔) 态射, 则

(a) $Y \times_X Z \to X$ 是有限且局部自由的 (或有限艾达尔的).

(b) $[Y \times_X Z : X] = [Y : X] \cdot [Z : X]$.

(c) 若 f, g 都是满射, 则 $Y \times_X Z \to X$ 也是满射.

证明: (a) 由性质3.4.3与3.4.4立即可得.

(b) 可由性质 3.1.6 得到, 这是因为对有限射影 A-代数 B 与 B', 我们可得到

$$[B \otimes_A B' : A] = [B : A] \cdot [B' : A].$$

对于 (c), 利用性质3.4.3(c), 再由满射的复合仍为满射, 可得 $Y \times_X Z \to X$ 也是满射.　　□

性质 3.4.6　一个概型的态射 $f: Y \to X$ 是满的、有限且局部自由的当且仅当对 X 的任一开仿射子集 $U = \operatorname{Spec} A$，$f^{-1}(U)$ 是仿射的，且等于 $\operatorname{Spec} B$，其中 B 为一个忠实射影 A-代数.

证明: 充分性是显然的，必要性由性质3.3.4 (c) 立即可得.　　□

性质 3.4.7　设 $f: Y \to X$ 是一个仿射映射，且 $g: W \to X$ 是一个满的、有限且局部自由的态射，则 f 是有限艾达尔的当且仅当 $Y \times_X W \to W$ 是有限艾达尔的.

证明: 必要性由性质 3.4.3 (a) 可得. 下面证充分性. 令 $U = \operatorname{Spec} A$ 为 X 的一个开仿射子集，则由 f 是仿射的可知 $f^{-1}(U)$ 是仿射的. 设 $f^{-1}(U) = \operatorname{Spec} B$，其中 B 是一个 A-代数. 由性质3.4.6，存在一个忠实射影的 A-代数 C，使得 $g^{-1}(U) = \operatorname{Spec} C$. 此外，我们有

$$p_2^{-1}(g^{-1}(U)) = f^{-1}(U) \times_U g^{-1}(U) = \operatorname{Spec}(B \otimes_A C),$$

其中 p_2 是自然投影 $Y \times_X W \to W$，则由 p_2 是有限艾达尔的，可得 $B \otimes_A C$ 是可分 C-代数. 故由性质3.2.4可知，B 是可分 A-代数，因此 f 是有限艾达尔态射.　　□

由有限艾达尔覆盖 $f: Y \to X$ 到有限艾达尔覆盖 $g: Z \to X$ 的一个**态射**，是指一个概型的态射 $h: Y \to Z$，使得图3.45为交换图，则对于一个给定的概型 X，X 的所有有限艾达尔覆盖 $Y \to X$ 以及它们之间的态射构成一个范畴，我们记这个范畴为 **FEt**(X).

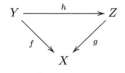

图 3.45

下一章的主要内容，就是证明当 X 连通时，**FEt**(X) 是一个伽罗瓦范畴. 我们将在下一章证明如下定理，该定理也是本书的主要结论.

定理 3.4.1　设 X 为一个连通概型, 则存在一个投射有限群 π, 使得 X 的有限艾达尔覆盖范畴 **FEt**(X) 等价于具有连续 π-作用的有限集范畴 π-**sets**, 并且投射有限群 π 在同构的意义下是唯一确定的.

下面我们给出一个关于代数闭域上可分代数的具体描述, 这将在下一章基本函子

$$F : \mathbf{FEt}(X) \to \mathbf{Sets}$$

的构造中起到重要作用. 我们先介绍一个引理.

引理 3.4.1　设 K 是一个域, B 是 K 上的有限维代数, 则存在 $t \in \mathbb{Z}_{\geqslant 0}$, 使得 $B \cong \prod\limits_{i=1}^{t} B_i$, 其中 B_i 是一个有幂零极大理想的局部 K-代数.

证明: 我们分两种情形完成引理的证明. 首先我们考虑一个简单的情形. 当 B 为整环时, 则对任意 $b \in B - \{0\}$, 乘积映射 $m_b : B \to B$ 是一个 K-代数的单同态, 由于 B 在 K 上是有限维的, 故前面的乘积映射是一个 K-代数同构. 这说明 $b \in B^*$, 其中 B^* 为由 B 的所有单位构成的集合. 因此 B 是一个域, 从而也是 K 的一个有限扩张.

现设 B 是一个有限 K-代数, 对任意 $\mathfrak{p} \in \operatorname{Spec} B$, 将上面的论述应用于 $B/\mathfrak{p}$, 可得 B 的每个素理想 $\mathfrak{p}$ 都是极大理想. 令 $\mathfrak{m}_1$, $\mathfrak{m}_2$, $\cdots$, $\mathfrak{m}_s$ 为 B 不同的极大理想, 由中国剩余定理, 自然映射 $B \to \prod_{i=1}^{s}(B/\mathfrak{m}_i)$ 为满射 (这是因为互不相同的极大理想是两两互素的). 故有

$$s \leqslant \sum_{i=1}^{s} \dim_K(B/\mathfrak{m}_i) \leqslant \dim_K(B) = n.$$

这说明 B 只有有限多个极大理想, 设它们为 $\mathfrak{m}_1$, $\mathfrak{m}_2$, $\cdots$, $\mathfrak{m}_t$. 故自然映射 $\theta : B \to \prod_{i=1}^{t}(B/\mathfrak{m}_i)$ 的核可以看成是

$$\operatorname{Ker}(\theta) = \prod_{i=1}^{t} \mathfrak{m}_i = \bigcap_{i=1}^{t} \mathfrak{m}_i = \mathfrak{N}(B),$$

其中 $\mathfrak{N}(B)$ 是 B 的幂零元根 (nilradical). 注意到 B 是诺特的 (Noetherian), 因此 $\mathfrak{N}(B)$ 是有限生成的. 故存在一个正整数 N, 使得

$$\mathfrak{N}(B)^N = \prod_{i=1}^{t} \mathfrak{m}_i^N = 0.$$

由于 $\mathfrak{m}_1$, $\mathfrak{m}_2$, $\cdots$, $\mathfrak{m}_t$ 是两两互素的，故 $\mathfrak{m}_1^N$, $\mathfrak{m}_2^N$, $\cdots$, $\mathfrak{m}_t^N$ 也是两两互素的，则由中国剩余定理可得同构如下：

$$B \cong \prod_{i=1}^{t} (B/\mathfrak{m}_i^N).$$

令 $B_i = B/\mathfrak{m}_i^N$，则 B_i 是一个局部 K-代数，且 $\mathfrak{m}_i/\mathfrak{m}_i^N$ 是它唯一的极大理想. 显然 $\mathfrak{m}_i/\mathfrak{m}_i^N$ 是幂零的，从而结论得证. □

定理 3.4.2 设 Ω 是一个代数闭域，且 B 是一个有限的 Ω-代数，则 B 在 Ω 上是可分的当且仅当对某个 $n \geqslant 0$，$B \cong \Omega^n$(此处的同构为 Ω-代数的同构).

证明： 对 B 应用引理 3.4.1，可得 $B \cong \prod_{i=1}^{t} B_i$，其中 B_i 为局部 Ω-代数，$\mathfrak{m}_i$ 为其幂零极大理想. 由性质 3.2.2，每个 B_i 都是可分 Ω-代数. 这说明对每个 i，映射

$$\psi_i : B_i \to \mathrm{Hom}_\Omega(B_i, \Omega), \quad b \mapsto \left(x \mapsto \mathrm{Tr}_{B/A}(bx) \right)$$

是一个同构. 固定一个 i 且任取 $b \in \mathfrak{m}_i$，则对任意 $x \in B_i$，bx 是 B_i 的一个幂零元，因而其对应的乘积映射 m_{bx} 是一个幂零的 Ω-线性映射. 由线性代数的知识以及例3.2.1可知，对任意 $x \in B_i$，$\mathrm{Tr}(bx) = 0$，即 $\psi(b) = 0$. 由于 ψ 是一个同构，故 $b = 0$. 这说明 $\mathfrak{m}_i = 0$，因此 B_i 是代数闭域 Ω 的一个有限 (域) 扩张，因此 $B_i = K$. 这就完成了该定理的证明. □

第 4 章　范畴 FEt(X)

4.1　完全分裂态射

定义 4.1.1　对一个概型的态射 $f: Y \to X$，如果 $X = \coprod_{n \geqslant 0} X_n$，使得对每个 n，概型

$$f^{-1}(X_n) \cong X_n \amalg \cdots \amalg X_n \ (n\text{个}),$$

且图 4.1 为交换图，其中右边的垂直箭头为 $X_n \amalg \cdots \amalg X_n \to X_n$ 的自然态射，则态射 f 被称为**完全分裂的**.

$$\begin{array}{ccc} f^{-1}(X_n) & \xrightarrow{\cong} & X_n \amalg \cdots \amalg X_n \\ {\scriptstyle f}\downarrow & & \downarrow \\ X_n & = & X_n \end{array}$$

图 4.1

注 4.1.1　若 $f: Y \to X$ 是完全分裂态射，且 A^n 是一个可分 A-代数 (见例 3.2.1)，则 f 也是有限艾达尔的. 此外，若 X 是连通的，则对某个 $n \geqslant 0$，一个完全分裂态射 $f: Y \to X$ 可给出一个如下的同构：

$$Y \cong X \amalg X \amalg \cdots \amalg X \ (n\text{个}X).$$

完全分裂态射的作用与拓扑空间中平凡覆盖的作用类似.

注 4.1.2　下面我们给出粘接引理的结论，在后面的证明过程中将会经常用到. 具体的细节请读者参见文献 [6] 第 2 章中的习题 2.12.

粘接引理： 令 $\{X_i\}_{i \in I}$ 是一族概型 (可能为无限多个). 对每个 $i \neq j$，假

设已给出一个开子集 $U_{ij} \subseteq X_i$，并使其具有诱导的概型结构. 再假设对每个 $i \neq j$，已定义概型的同构 $\varphi_{ij} : U_{ij} \longrightarrow U_{ji}$，使得它们满足以下两个条件:

(1) 对每个 i, $j \in I$, $\varphi_{ji} = \varphi_{ij}^{-1}$.

(2) 对每个 i, j, $k \in I$, $\varphi_{ij}(U_{ij} \cap U_{ik}) = U_{ji} \cap U_{jk}$，且在 $U_{ij} \cap U_{ik}$ 上，有 $\varphi_{ik} = \varphi_{jk} \circ \varphi_{ij}$，则存在概型 X 且对每个 i，存在态射 $\psi_i : X_i \longrightarrow X$，使得

(i) ψ_i 是由 X_i 到 X 的一个开子概型上的同构;

(ii) $\{\psi_i(X_i)\}_{i \in I}$ 是 X 的一个覆盖;

(iii) $\psi_i(U_{ij}) = \psi_i(X_i) \cap \psi_j(X_j)$;

(iv) 在 U_{ij} 上有 $\psi_i = \psi_j \circ \varphi_{ij}$，

我们称 X 是由概型 $\{X_i\}_{i \in I}$ 沿着同构 φ_{ij} 粘接得到的. 一个有趣的特殊情况为: 当概型族 $\{X_i\}_{i \in I}$ 是任意的，而 U_{ij} 与 φ_{ij} 均为空时，我们称此时得到的概型 X 是 X_i 的**不交并**，记为 $\coprod X_i$.

性质 4.1.1 设 $f : Y \to X$ 是一个完全分裂的概型的态射，且 $g : W \to X$ 为任一态射，则第二个投影态射 $p_2 : Y \times_X W \to W$ 也是完全分裂的.

证明: 我们先假设 $[Y : X] = n$ 为常数，即 $Y = X \amalg \cdots \amalg X$ (n 个) 且态射 $f : Y \to X$ 与自然态射 $X \amalg \cdots \amalg X \to X$ 一致，则有

$$Y \times_X W \cong (X \amalg \cdots \amalg X) \times_X W$$

$$\cong (X \times_X W) \amalg \cdots \amalg (X \times_X W) \ (n\text{个})$$

$$\cong W \amalg \cdots \amalg W \ (n\text{个}),$$

且第二个投影态射 $p_2 : Y \times_X W \to W$ 与自然态射 $W \amalg \cdots \amalg W \to W$ 一致，因此是完全分裂的.

对于一般情形，设 $X = \coprod_{n \geq 0} X_n$，使得对每个 n，有

$$f^{-1}(X_n) \cong X_n \amalg \cdots \amalg X_n (n\text{个}),$$

则 $W = \coprod\limits_{n \geqslant 0} W_n$，其中 $W_n = g^{-1}(X_n)$. 此外，我们有

$$p_2^{-1}(W_n) \cong Y \times_X W_n$$

$$\cong f^{-1}(X_n) \times_{X_n} W_n$$

$$\cong W_n \amalg \cdots \amalg W_n (n个),$$

其中最后一个同构由前面的情形可得. 故 $p_2 : Y \times_X W \to W$ 是完全分裂的. $\qquad\square$

定理 4.1.1 设 $f : Y \to X$ 是一个概型的态射，则 f 是有限艾达尔的当且仅当 f 是仿射的且存在一个满的、有限且局部自由的态射 $W \to X$，使得 $Y \times_X W \to W$ 是完全分裂的.

证明： 注意到完全分裂态射是有限艾达尔的 (见注4.1.1)，故充分性由性质3.4.7可得. 下面证必要性. 令 $f : Y \to X$ 是一个有限艾达尔态射，我们先证明当 $[Y : X] = n$ 为常数时，必要性的结论成立. 对 n 用数学归纳法. 当 $n = 0$ 时，有 $Y = \varnothing$，此时 $W = X \xrightarrow{\mathrm{id}_X} X$ 满足要求. 对 $n \geqslant 1$，注意到 f 是满射 (性质3.3.4)，我们利用 f 做一个基变换，并考虑态射

$$p : Y \times_X Y \to Y,$$

则态射 p 也是有限艾达尔的，且由性质3.4.3，我们可得到

$$[Y \times_X Y : Y] = [Y : X] = n.$$

令 $\Delta : Y \to Y \times_X Y$ 为对角线态射，且有 $p \circ \Delta = \mathrm{id}_Y$. 我们先证明下面的命题.

命题： 对角线态射 $\Delta : Y \to Y \times_X Y$ 是一个既开又闭的浸入.

为证明此命题，我们首先假设 X 是仿射的. 对某个环 A，设 $X = \mathrm{Spec}\, A$，由于 f 是有限艾达尔的，故 $Y = \mathrm{Spec}\, B$，其中 B 是一个可分 A-代数. 此时，我们有

$$Y \times_X Y \cong \mathrm{Spec}(B \otimes_A B),$$

且 Δ 对应乘法映射

$$m : B \otimes_A B \to B, \ b \otimes b' \mapsto bb'.$$

由注3.2.1, 存在一个 B-代数 C 以及一个 B-代数的同构 $B \otimes_A B \xrightarrow{\sim} B \times C$, 使得图4.2可交换, 其中 π_1 为自然投影.

$$
\begin{array}{ccc}
B \otimes_A B & \xrightarrow{\ \sim\ } & B \times C \\
{\scriptstyle m}\big\downarrow & & \big\downarrow{\scriptstyle \pi_1} \\
B & =\!\!=\!\!=\!\!=\!\!= & B
\end{array}
$$

图 4.2

图4.2对应一个概型的态射交换图4.3, 其中 j 为包含态射. 故当 X 是仿射概型时, Δ 是一个既开又闭的浸入.

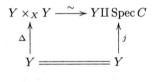

$$
\begin{array}{ccc}
Y \times_X Y & \xrightarrow{\ \sim\ } & Y \amalg \mathrm{Spec}\, C \\
{\scriptstyle \Delta}\big\uparrow & & \big\uparrow{\scriptstyle j} \\
Y & =\!\!=\!\!=\!\!=\!\!= & Y
\end{array}
$$

图 4.3

一般地, 取 X 的一个由开仿射子集构成的覆盖, 则结论由 f 是仿射的条件可得. 这就完成了该命题的证明.

下面我们继续定理的证明. 现在, 将所有局部分解粘接在一起, 我们可得到交换图4.4.

由性质3.4.1可知, 态射 $Y' \to Y$ 是有限艾达尔的, 且 $[Y' : Y] = n - 1$. 故由归纳法假设, 存在一个满的、有限且局部自由的态射 $W \to Y$, 使得 $Y' \times_Y W \to W$ 是完全分裂的. 我们可得到

$$Y \times_X W \cong Y \times_X (Y \times_Y W) \cong (Y \times_X Y) \times_Y W$$

$$\cong (Y \amalg Y') \times_Y W \cong (Y \times_Y W) \amalg (Y' \times_Y W)$$
$$\cong W \amalg (Y' \times_Y W).$$

$$
\begin{array}{ccc}
Y \times_X Y & \overset{\sim}{\longrightarrow} & Y \amalg Y' \\
{\scriptstyle p}\big\downarrow & & \big\downarrow \\
Y & =\!=\!=\!= & Y
\end{array}
$$

图 4.4

由于 $W \to W$ 与 $Y' \times_Y W \to W$ 都是完全分裂的, 故态射 $Y \times_X W \to W$ 也是完全分裂的. 此外, 由性质3.4.3与性质3.4.4, 复合态射 $W \to Y \to X$ 是满的、有限且局部自由的 (因为每个态射都是). 故当 $[Y:X] = n$ 为常数时, 定理必要性的结论成立.

对一般情形, 记 $X = \coprod\limits_{n=0}^{\infty} X_n$, 其中

$$\mathrm{sp}(X_n) = \{x \in \mathrm{sp}(X) : [Y:X](x) = n\},$$

则对每个 n, 限制态射 $f : Y_n = f^{-1}(X_n) \to X_n$ 是有限艾达尔的且次数为常数 n. 根据前面的论述, 对每个 n, 存在一个满的、有限且局部自由的态射 $W_n \to X_n$, 使得 $Y_n \times_{X_n} W_n \to W_n$ 是完全分裂的, 则由性质3.4.2, 可知

$$W = \coprod_{n=0}^{\infty} W_n \longrightarrow \coprod_{n=0}^{\infty} X_n = X$$

是有限且局部自由的, 且

$$Y \times_X W \cong \coprod_{n=0}^{\infty} (Y \times_X W_n) \cong \coprod_{n=0}^{\infty} (Y_n \times_{X_n} W_n) \to W$$

是完全分裂的. 定理的必要性得证. □

按照注3.4.1所说, 下面我们给出关于"有限艾达尔态射的复合仍是有限艾达尔态射"的另一个证明.

性质 4.1.2 设 $g: Z \to Y$ 和 $f: Y \to X$ 均为概型的有限艾达尔态射，则它们的复合态射 $f \circ g: Z \to X$ 也是有限艾达尔的.

证明: 首先假设态射 $f: Y \to X$ 是完全分裂的且 $[Y:X] = n$ 为常数，即

$$Y = X \amalg \cdots \amalg X (n \text{个}),$$

则 $Z = Z_1 \amalg Z_2 \amalg \cdots \amalg Z_n$，且由有限艾达尔态射

$$Z_i \xrightarrow{g|_{Z_i}} X \xrightarrow{\mathrm{id}_X} X$$

诱导的复合态射 $Z \xrightarrow{g} Y \xrightarrow{f} X$ 也是有限艾达尔的.

当 $Y \to X$ 是完全分裂的但次数为非常数时，该性质可立即简化为前面讨论过的情形.

一般地，利用定理 4.1.1，选取一个满的、有限且局部自由的态射 $W \to X$，使得 $Y \times_X W \to W$ 是完全分裂的. 由于 $Z \to Y$ 是有限艾达尔的，由性质3.4.3可知，态射

$$Z \times_X W \cong Z \times_Y (Y \times_X W) \to Y \times_X W$$

也是有限艾达尔的，从而复合态射 $Z \times_X W \to Y \times_X W \to W$ 是有限艾达尔的，则由性质3.4.7可得，$Z \to X$ 是有限艾达尔态射. $\square$

设 X 是一个概型，且 E 是一个基数为 n 的有限集合，我们记 $X \times E$ 为 n 个 X 的不交并，每个 X 对应 E 中的一个元素，即若 $E = \{e_1, e_2, \cdots, e_n\}$，则

$$X \times E := X_{e_1} \amalg X_{e_2} \amalg \cdots \amalg X_{e_n},$$

其中对每个 $i = 1, 2, \cdots, n$, $X_{e_i} = X$. 我们有下面的引理.

引理 4.1.1 给定一个环 A 以及一个有限集合 $E = \{e_1, e_2, \cdots, e_n\}$，我们定义 A^E 为由 $E \to A$ 的全体函数构成的环，其运算为逐点的加法和

乘法，即对 $\forall f,\ g \in A^E,\ \forall a \in A$，

$$(f + g)(a) = f(a) + g(a),$$

$$(fg)(a) = f(a)g(a).$$

(a) 设 X 是一个概型，则 $X \times E \cong X \times_{\mathrm{Spec}\,\mathbb{Z}} (\mathrm{Spec}\,\mathbb{Z}^E)$.

(b) 设 $X,\ Y$ 为概型，则在集合 $\mathrm{Mor}(X \times E,\ Y)$ 与 $E \to \mathrm{Mor}(X,\ Y)$ 全体映射的集合之间存在一个自然的双射.

(c) $(\mathrm{Spec}\,A) \times E \cong \mathrm{Spec}\,A^E$.

(d) 设 A 没有非平凡的幂等元，且 $D = \{d_1,\ d_2,\ \cdots,\ d_m\}$ 为有限集，则任一 A-代数的同态 $A^E \to A^D$ 均可由一个集合 $D \to E$ 的映射诱导出.

证明： 设 $|E| = n$ 且 $E = \{e_1,\ e_2,\ \cdots,\ e_n\}$.

(a) 概型的态射是否为同构是一个局部性质，因此我们可以假设 X 是仿射的. 设 $X = \mathrm{Spec}\,R$，其中 R 是一个环，则我们只需证

$$\mathrm{Spec}\,A \times E \cong \mathrm{Spec}\,A \times_{\mathrm{Spec}\,\mathbb{Z}} (\mathrm{Spec}\,\mathbb{Z}^E),$$

即

$$A \times A \times \cdots \times A \cong A \otimes_{\mathbb{Z}} \mathbb{Z}^E.$$

为证明上式成立，我们定义下面两个映射：

$$\varphi_1 : A \otimes_{\mathbb{Z}} \mathbb{Z}^E \to A \times \cdots \times A, \qquad a \otimes f \mapsto (f(e_i) \cdot a)_{i=1}^n,$$

$$\varphi_2 : A \times \cdots \times A \to A \otimes_{\mathbb{Z}} \mathbb{Z}^E, \qquad (a_1,\ \cdots,\ a_n) \mapsto \sum_{i=1}^n a_i \otimes g_i,$$

其中当 $i = j$ 时，$g_i(e_j) = 1$ 且当 $i \neq j$ 时，$g_i(e_j) = 0$. 容易验证，φ_1 和 φ_2 为环同态且满足 $\varphi_1 \circ \varphi_2 = \mathrm{id}_{A \times \cdots \times A}$，$\varphi_2 \circ \varphi_1 = \mathrm{id}_{A \otimes_{\mathbb{Z}} \mathbb{Z}^E}$. 结论 (a) 得证.

(b) 我们定义如下两个映射：

$$\varphi : \mathrm{Mor}(X \times E,\ Y) \ \to \ \{\text{maps } E \to \mathrm{Mor}(X,\ Y)\},$$

$$f \;\mapsto\; (e_i \mapsto f|_{X_i=X}),$$

$$\psi: \{\text{maps } E \to \operatorname{Mor}(X,\,Y)\} \;\to\; \operatorname{Mor}(X \times E,\,Y),$$

$$(e_i \mapsto g_i) \;\mapsto\; g,$$

其中 $g|_{X_i=X} = g_i$. 注意到 φ 和 ψ 互为对方的逆, 从而满足条件, 由此结论 (b) 得证.

(c) 命题等价于证明 $A \times \cdots \times A \cong A^E$ 是环同构. 我们定义如下两个映射:

$$\varphi: A^E \to A \times \cdots \times A, \qquad f \mapsto (f(e_i),\, \cdots,\, f(e_n)),$$

$$\psi: A \times \cdots \times A \to A^E, \qquad (a_1,\, \cdots,\, a_n) \mapsto (e_i \mapsto a_i).$$

易知, φ 和 ψ 是互逆的环同态, 从而 (c) 得证.

(d) 设 $|D| = m$, $D = \{d_1,\, d_2,\, \cdots,\, d_m\}$, 定义函数 $f_i : E \to A$, $i = 1,\, 2,\, \cdots,\, n$ 如下:

$$f_i(e_j) = \begin{cases} 1, & i = j, \\ 0, & i \ne j. \end{cases}$$

显然, 如上定义的函数 f_i 是 A^E 中的幂等元. 此外, $\{f_1,\, f_2,\, \cdots,\, f_n\}$ 是 A-模 A^E 的一个生成元集, 且对 $i,\, j = 1,\, 2,\, \cdots,\, n$, 这些生成元函数满足下列等式:

$$\begin{cases} \sum\limits_{i=1}^{n} f_i = 1_{A^E}, \\ f_i f_j = 0, & i \ne j. \end{cases}$$

令 $\varphi: A^E \to A^D$ 为任一 A-代数同态, 对任一固定的 $k(1 \leqslant k \leqslant m)$, 则对所有 $1 \leqslant i \leqslant n$, $\varphi(f_i)(d_k)$ 是 A 中的幂等元, 即 $\varphi(f_i)(d_k)$ 等于 1_A 或 0.

对任一固定的 $k(1 \leqslant k \leqslant m)$, 由于

$$\sum_{i=1}^{n} \varphi(f_i)(d_k) = \varphi\left(\sum_{i=1}^{n} f_i\right)(d_k) = \varphi(1_{A^E})(d_k) = 1_{A^D}(d_k) = 1,$$

故当 i 由 1 取到 n 时，至少有一个 $\varphi(f_i)(d_k)$ 等于 1_A. 另外，当 $i \neq j$，i, $j = 1$, 2, $\cdots$, n 时，由于

$$\varphi(f_i)(d_k)\varphi(f_j)(d_k) = \varphi(f_if_j)(d_k) = 0,$$

因此至多有一个 $\varphi(f_i)(d_k)$ 等于 1_A. 综上，对任一固定的 $k(1 \leqslant k \leqslant m)$，有且只有一个 $i(1 \leqslant i \leqslant n)$，使得 $\varphi(f_i)(d_k) = 1_A$ 且对 $j \neq i$，$\varphi(f_j)(d_k) = 0$. 因此我们可以定义如下映射：

$$\Theta : D \to E, \quad d_k \mapsto e_{i_k}, \quad 1 \leqslant k \leqslant m,$$

其中 i_k 为 1, 2, $\cdots$, n 中由 k 确定的唯一的数，使得对 $1 \leqslant j \leqslant n$,

$$\varphi(f_j)(d_k) = \begin{cases} 1_A, & j = i_k, \\ 0, & j \neq i_k. \end{cases}$$

由前面的分析可知，Θ 是明确定义的. 此外，我们可得到

$$\varphi(f_j)(d_k) = (f_j \circ \Theta)(d_k),$$

即 φ 是由 Θ 诱导的映射. 最后我们可得到结论:存在一个集合 $\{D \to E\}$(由 D 到 E 的全体映射构成的集合) 与集合 $\mathrm{Hom}_A\left(A^E, A^D\right)$(由 A^E 到 A^D 的 A-代数同态的全体) 之间的双射. 结论 (d) 得证.

引理的证明完成. □

设 A 是一个环，D, E 为有限集，且存在一个映射 $\phi : D \to E$，则 ϕ 可诱导一个映射

$$\phi^* : A^E \to A^D, \quad f \mapsto f \circ \phi.$$

更进一步，映射 ϕ^* 也可诱导一个映射 $\phi_* : X \times D \longrightarrow X \times E$，其中 $X = \mathrm{Spec}\, A$. 一般地，若 X 为任一概型，我们可记 $X = \bigcup_{i \in I} U_i$，其中对每个 i，$U_i = \mathrm{Spec}\, A_i$ 是仿射的. 由 $\phi : D \to E$ 诱导的映射族

$$\{(\phi_*)_i : U_i \times D \longrightarrow U_i \times E\}_{i \in I}$$

在 $\{U_i\}_{i \in I}$ 的交集上是一致的, 故我们可将这些 $\{(\phi_*)_i\}_{i \in I}$ 粘接起来得到一个态射 $\phi_* : X \times D \longrightarrow X \times E$. 由于恒等态射 $X \to X$ 是有限艾达尔的, 再结合性质3.4.1、3.4.2可得, 映射 ϕ_* 是有限艾达尔的.

为给出关于有限艾达尔态射的一个重要性质, 我们首先证明下面的引理.

引理 4.1.2 设 $f : Y \to X$, $g : Z \to X$ 与 $h : Y \to Z$ 为概型的态射且满足 $f = g \circ h$. 若 f 和 g 是完全分裂的, 则 f, g 和 h 是局部平凡的. 这里, 局部平凡指的是对任意 $x \in X$, 在 X 中存在 x 的一个开仿射邻域 U, 两个有限集合 D, E 以及一个映射 $\phi : D \to E$ 和两个同构 $\alpha : f^{-1}(U) \to U \times D$, $\beta : g^{-1}(U) \to U \times E$, 使得图4.5为交换图, 其中 $U \times D \to U$ 及 $U \times E \to U$ 均为第一个投影, 且态射 $U \times D \to U \times E$ 是由 ϕ 诱导的.

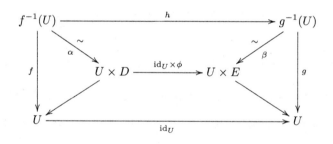

图 4.5

证明: 任取 $x \in X$, 则存在 x 的一个开仿射邻域 V, 使得对完全分裂态射 f 和 g, 当它们限制在 V 上时, 次数为常数, 则我们有 $f^{-1}(V) \cong V^D$ 且 $g^{-1}(V) \cong V^E$, 其中 D, E 为两个有限集, 且它们的基数分别为

$$|D| = [Y : X](x), \quad |E| = [Z : X](x).$$

记 $V = \operatorname{Spec} A$, 其中 A 为一个环, 我们可得到

$$V \times D \cong \operatorname{Spec}(A^D), \quad V \times E \cong \operatorname{Spec}(A^E),$$

则 $h : f^{-1}(V) \to g^{-1}(V)$ 可诱导一个映射 $V \times D \to V \times E$，该映射对应于一个环同态 $\psi : A^E \to A^D$. 在 x 处局部化，可得一个同态

$$\psi_x : \left(A^E\right)_{\mathfrak{p}} \cong (A_{\mathfrak{p}})^E \to (A_{\mathfrak{p}})^D \cong \left(A^D\right)_{\mathfrak{p}},$$

其中 $\mathfrak{p}$ 为 x 对应于 A 的素理想. 由于 $A_{\mathfrak{p}}$ 是局部环，故它没有非平凡的幂等元. 因此由引理4.1.1 (d) 可得，存在一个映射 $\phi : D \to E$，使得局部映射 ψ_x 是由 ϕ 诱导的. 考虑由 ϕ 诱导的同态 $\phi^* : A^E \to A^D$，我们有交换图4.6.

$$
\begin{array}{ccc}
\mathrm{Hom}_A\left(A^E, A^D\right) & \longleftarrow & \{D \to E\} \\
\downarrow & & \uparrow \\
\left(\mathrm{Hom}_A(A^E,\ A^D)\right)_{\mathfrak{p}} & \underset{\sim}{\longleftarrow} & \mathrm{Hom}_{A_{\mathfrak{p}}}\left(A_{\mathfrak{p}}^E,\ A_{\mathfrak{p}}^D\right),
\end{array}
$$

图 4.6

其中，由引理4.1.1 (d) 可知，图4.6右边的垂直箭头是一个同构；又由于 A^E 是有限表现的，故第二行的水平箭头也是一个同构，从而可得 $\psi_x = \phi_x^*$，其中 ϕ_x^* 为同态 ϕ^* 在 $\mathfrak{p}$ 处的局部化同态. 由此存在 $a \in A - \mathfrak{p}$ 使得 $a\psi = a\phi^*$，则 x 在 $V = \mathrm{Spec}\, A$ 中的开邻域 $U = D(a)$ 满足要求，引理的结论得证. $\quad\square$

注 4.1.3 我们可以将引理的结论推广到下面的情形：设所有记号同上，且令 $\sigma_1,\ \sigma_2,\ \cdots,\ \sigma_n : Y \to Z$ 为态射，使得对每个 i, $f = g \circ \sigma_i$，则对任意 $x \in X$，存在 x 的开仿射邻域 $U \subseteq X$，有限集的映射 $\phi_1,\ \phi_2,\ \cdots,\ \phi_n : D \to E$，以及两个同构

$$\alpha : f^{-1}(U) \to U \times D, \quad \beta : g^{-1}(U) \to U \times E,$$

使得对每个 i，图4.7均为交换图.

性质 4.1.3 设 $f : Y \to X$ 和 $g : Z \to X$ 为概型的有限艾达尔态射，$h : Y \to Z$ 是一个态射且满足 $f = g \circ h$，则 h 是有限艾达尔的.

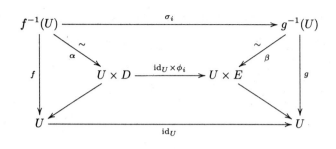

图 4.7

证明： 由性质3.4.7，我们只需证明存在一个满的、有限且局部自由的态射 $W \to Z$，使得态射 $Y \times_Z W \to W$ 是有限艾达尔的. 我们先假设 f 和 g 是完全分裂的，由引理4.1.2前面的叙述我们知道，一个由 $D \to E$ 的映射诱导的态射 $U \times D \to U \times E$ 是有限艾达尔的，故由引理4.1.2，h 是有限艾达尔的.

对于一般情形，利用性质4.1.1，选取满的、有限且局部自由的态射 $W_1 \to X$，$W_2 \to X$，使得态射

$$Y \times_X W_1 \to W_1, \quad Z \times_X W_2 \to W_2$$

是完全分裂的. 令 $W' = W_1 \times_X W_2$，则由性质3.4.3、3.4.5可知，$W' \to X$ 是满的、有限且局部自由的，且 $Y \times_X W' \to W'$，$Z \times_X W' \to W'$ 是完全分裂的. 图4.8所示的两个交换图中，左边的垂直箭头均为完全分裂态射，右边的垂直箭头均为有限艾达尔态射，且两图第二行的水平箭头均为满的、有限且局部自由的态射.

此外，由前面我们得到的特殊情形的结论，可得态射 $Y \times_X W' \to Z \times_X W'$ 是有限艾达尔的. 令 $W = Z \times_X W'$，我们可得到交换图 4.9. 故可得态射 $Y \times_Z W \to W$ 是有限艾达尔的.

又由于态射

$$W \cong Z \times_Z W \cong Z \times_X W' \longrightarrow Z$$

是满的、有限且局部自由的，故 $h: Y \to Z$ 是有限艾达尔的. 这就完成了该性质的证明. □

$$
\begin{array}{ccc}
Y \times_X W' & \longrightarrow & Y \\
\downarrow & & \downarrow \\
W' & \longrightarrow & X
\end{array}
\qquad
\begin{array}{ccc}
Z \times_X W' & \longrightarrow & Z \\
\downarrow & & \downarrow \\
W' & \longrightarrow & X
\end{array}
$$

图 4.8

图 4.9

4.2　范畴 **FEt**(X)

给定一个连通概型 X，为证明定理 3.4.1，我们只需证明范畴 **FEt**(X) 是一个伽罗瓦范畴. 对范畴 **FEt**(X)，我们首先将逐条验证公设 (G1) ~ (G3)；然后将构造一个函子 **FEt**$(X) \to$ **Sets**，并逐条验证公设 (G4) ~ (G6).

4.2.1　公设 (G1)

性质 4.2.1　设 X 是一个概型，则在范畴 **FEt**(X) 中，终对象与纤维积存在.

证明: • 恒等态射 $\mathrm{id}_X: X \to X$ 显然是有限艾达尔的，故

$$
\left\{ X \xrightarrow{\mathrm{id}_X} X \right\}
$$

即为范畴 **FEt**(X) 的终对象.

• 设 Y，Z 与 W 是范畴 **FEt**(X) 中的对象，且有态射 $f: Y \to W$

与 $g : Z \to W$，则由性质 4.1.3 可知，f 和 g 是有限艾达尔的. 又由性质 3.4.5(a) 得，态射 $Y \times_W Z \to W$ 也是有限艾达尔的. 再利用性质 4.1.2，前面两个态射的复合 $Y \times_W Z \to X$ 也是有限艾达尔的，即 $Y \times_W Z$ 是 **FEt**(X) 中的对象. 这就证明了在范畴 **FEt**(X) 中，任意两个对象关于第三个对象的纤维积存在.

因此范畴 **FEt**(X) 满足公设 (G1). $\square$

4.2.2 公设 (G2)

在本节的开始，我们首先给出一些关于模层的基本概念和性质. 更多细节请读者参阅文献 [6]（第 2 章第 5 节）.

定义 4.2.1 设 A 是一个环，M 是一个 A-模. 我们定义在 $\operatorname{Spec} A$ 上与 M **相伴的层**（记为 $\widetilde{M}$）如下：对 A 的任一素理想 $\mathfrak{p} \subseteq A$，令 $M_\mathfrak{p}$ 表示模 M 在 $\mathfrak{p}$ 的局部化. 对任意开集 $U \subseteq \operatorname{Spec} A$，我们定义群 $\widetilde{M}(U)$ 为函数 $s : U \to \coprod_{\mathfrak{p} \in U} M_\mathfrak{p}$ 的集合. 其中函数 s 满足对任意 $\mathfrak{p} \in U$，$s(\mathfrak{p}) \in M_\mathfrak{p}$，且 s 在局部是一个分数 $\dfrac{m}{f}$，其中 $m \in M$，$f \in A$. 具体地说，我们要求对每个 $\mathfrak{p} \in U$，存在 $\mathfrak{p}$ 在 U 中的邻域 V，以及元素 $m \in M$ 和 $f \in A$，使得对任意 $\mathfrak{q} \in V$，

$$f \notin \mathfrak{q}, \qquad s(\mathfrak{q}) = \frac{m}{f} \in M_\mathfrak{q}.$$

利用限制映射，可使得 $\widetilde{M}$ 成为层.

性质 4.2.2 设 A 是一个环，M 是一个 A-模，且令 $\widetilde{M}$ 为 $X = \operatorname{Spec} A$ 上与 M 相伴的层，则

(a) $\widetilde{M}$ 是一个 $\mathcal{O}_X$-模；

(b) 对任一点 $\mathfrak{p} \in X$，模层 $\widetilde{M}$ 在 $\mathfrak{p}$ 的茎 $\left(\widetilde{M}\right)_\mathfrak{p}$ 同构于局部化模 $M_\mathfrak{p}$；

(c) 对任意 $f \in A$，A_f-模 $\widetilde{M}(D(f))$ 同构于局部化模 M_f；

(d) 特别地，$\widetilde{M}(X) = M$.

定义 4.2.2 设 $(X, \mathcal{O}_X)$ 是一个概型，对一个 $\mathcal{O}_X$-模层 $\mathscr{F}$，如果 X 有一个由开仿射子集构成的覆盖 $U_i = \operatorname{Spec} A_i$，使得对每个 i，存在一个

A_i-模 M_i 满足 $\mathscr{F}\big|_{U_i} \cong \widetilde{M_i}$，则称 $\mathscr{F}$ 是**拟凝聚的**. 如果进一步要求每个 M_i 可以取为有限生成的 A_i-模，我们称模层 $\mathscr{F}$ 是**凝聚的**.

性质 4.2.3　设 X 是一个概型，则一个 $\mathcal{O}_X$-模 $\mathscr{F}$ 是拟凝聚的，当且仅当对 X 的每个开仿射子集 $U = \operatorname{Spec} A$，存在一个 A-模 M，使得 $\mathscr{F}\big|_U \cong \widetilde{M}$.

性质 4.2.4　令 X 是一个概型，拟凝聚层的任何态射的核、余核和像都是拟凝聚的，拟凝聚层的任何扩张是拟凝聚的.

令 $(X, \mathcal{O}_X)$ 是一个概型，一个 $\mathcal{O}_X$-代数层 $\mathscr{F}$ 如果也是一个拟凝聚的 $\mathcal{O}_X$-模层，则称它为拟凝聚的.

引理 4.2.1　设 X 是一个概型且 $\mathscr{A}$ 是一个 $\mathcal{O}_X$-代数的拟凝聚层，则存在唯一的概型 Y，以及一个态射 $f: Y \to X$，使得对每个开仿射子集 $V \subseteq X$，$f^{-1}(V) \cong \operatorname{Spec}(\mathscr{A}(V))$（这说明 f 是一个仿射映射），且对每个 X 的开仿射子集的包含关系 $U \hookrightarrow V$，态射 $f^{-1}(U) \hookrightarrow f^{-1}(V)$ 对应于限制同态 $\mathscr{A}(V) \to \mathscr{A}(U)$. 概型 Y 记为 **Spec**$(\mathscr{A})$. 此外，我们有 $\mathscr{A} \cong f_*\mathcal{O}_Y$.

证明： 设 $\{U_i\}_{i \in I}$ 是 X 的一个开仿射覆盖，其中 $U_i = \operatorname{Spec} A_i$. 设 $Y_i = \operatorname{Spec}(\mathscr{A}(U_i))$，由于 $\mathscr{A}$ 是一个 $\mathcal{O}_X$-代数层，故存在一个环同态 $A_i = \mathcal{O}_X(U_i) \to \mathscr{A}(U_i)$，可诱导一个概型的态射 $f_i: Y_i \to U_i$. 下面我们说明这些 $\{f_i: Y_i \to U_i\}_{i \in I}$ 可以沿着交集粘接起来. 令 $U_{ij} := U_i \cap U_j$，$Y_{ij} = f^{-1}(U_{ij})$，则 Y_{ij} 是 Y_i 的一个子概型. 令 $W = \operatorname{Spec} R$ 为 U_{ij} 的任一开仿射子集，由于 $\mathscr{A}$ 是拟凝聚的，则有 $\mathscr{A}\big|_{U_i} \cong \widetilde{\mathscr{A}(U_i)}$，故

$$
\begin{aligned}
f_i^{-1}(W) &= \operatorname{Spec}\left(\mathscr{A}\big|_{U_i}(W)\right) = \operatorname{Spec}(\mathscr{A}(W)) \\
&= \operatorname{Spec}\left(\mathscr{A}\big|_{U_j}(W)\right) \\
&= f_j^{-1}(W).
\end{aligned}
$$

取 U_{ij} 的一个由其开仿射子集构成的覆盖，则由上面的叙述，我们可得同构

$$
\{\varphi_{ij}: Y_{ij} \cong Y_{ji}\}_{i, j \in I}.
$$

容易验证上面这些同构满足粘接引理 (见注4.1.2)，且这些 $\{f_i\}_{i \in I}$ 在交集上是一致的，则存在一个概型 Y 以及一个态射 $f : Y \to X$，使得 f 是仿射的. 由 Y 的构造可知其满足引理的要求，这就证明了存在性的结论.

下面我们证明 Y 的唯一性. 如果还存在一个概型 Y' 以及一个态射 $f' : Y' \to X$ 满足和 Y 同样的要求，则我们可将开仿射子集 $\mathrm{Spec}\,(\mathscr{A}(U))$ 上的同构

$$f^{-1}(U) \xrightarrow{\ \sim\ } \mathrm{Spec}\,(\mathscr{A}(U)) \xrightarrow{\ \sim\ } f'^{-1}(U)$$

粘接起来，从而得到一个态射 $Y \to Y'$，其中 U 是 X 的一个开仿射子集，则该态射是一个同构，由此证明了 Y 是唯一的.

接下来，我们证明 $\mathscr{A} \cong f_* \mathcal{O}_Y$. 令 $(U_i)_{i \in I}$ 为 X 的一个开仿射覆盖，且 U 为 X 的任一开子集，则有

$$f_* \mathcal{O}_Y(U \cap U_i) \cong \mathcal{O}_Y\left(f^{-1}(U \cap U_i)\right) \cong \mathcal{O}_Y\left(\mathrm{Spec}(\mathscr{A}(U \cap U_i))\right) \cong \mathscr{A}(U \cap U_i),$$

从而对 X 的任意开集 U，我们可得到 $f_* \mathcal{O}_Y(U) \cong \mathscr{A}(U)$. $\qquad\square$

引理 4.2.2 设 $f : Y \to X$ 是概型的仿射映射，则 $\mathscr{A} = f_* \mathcal{O}_Y$ 是一个 $\mathcal{O}_X$-代数的拟凝聚层，且有 $Y \cong \mathbf{Spec}(\mathscr{A})$.

证明： 首先注意到，f 对应的层态射 $f^\sharp : \mathcal{O}_X \to f_* \mathcal{O}_Y$ 使得 $f_* \mathcal{O}_Y$ 具有 $\mathcal{O}_X$-代数结构. 由性质4.2.3，拟凝聚是 X 上的一个局部性质，因此我们可假设 $X = \mathrm{Spec}\,A$ 是仿射的，则 $Y = f^{-1}(X)$ 也是仿射的，设为 $Y = \mathrm{Spec}\,B$. 故态射 $f : Y \to X$ 可由一个环同态诱导而得，我们仍用 f 来表示这个环同态 $f : A \to B$. 对每个 $a \in A$，$D(a) = \mathrm{Spec}(A_a)$ 是 X 的一个开仿射子集，且

$$(f_* \mathcal{O}_Y)(D(a)) = \mathcal{O}_Y\left(f^{-1}(D(a))\right) = \mathcal{O}_Y\left(D(f(a))\right) = B_{f(a)} = B_a.$$

因此 $f_* \mathcal{O}_Y \cong \widetilde{B}$ 是 $\mathcal{O}_X$-代数的拟凝聚层.

结论 $Y \cong \mathbf{Spec}(\mathscr{A})$ 由 $\mathbf{Spec}(\mathscr{A})$ 的唯一性可得. $\qquad\square$

对于一个概型 X，令 **Aff**(X) 表示以 X 上的所有仿射映射 $Y \to X$ 为对象的范畴，其中的态射定义如下：设 $f : Y \to X$ 与 $g : Z \to X$ 是两个仿射映射，由 $f : Y \to X$ 到 $g : Z \to X$ 的态射为一个概型的态射 $h : Y \to Z$ 使得 $f = g \circ h$. 对范畴 **Aff**(X) 中的任一态射 $h : Y \to Z$，它对应了一个层的态射 $h^{\sharp} : \mathcal{O}_Z \to h_* \mathcal{O}_Y$，这个层态射又可诱导另外一个层态射

$$g_* \mathcal{O}_Z \to g_*(h_* \mathcal{O}_Y) = f_* \mathcal{O}_Y.$$

令 **QCoh**($\mathcal{O}_X$) 表示以概型 X 上 $\mathcal{O}_X$-代数的拟凝聚层为对象的范畴，则我们可定义一个反变函子如下：

$$
\begin{aligned}
\Gamma : \quad & \mathbf{Aff}(X) \quad \longrightarrow \quad \mathbf{QCoh}(\mathcal{O}_X), \\
& (f : Y \to X) \quad \longmapsto \quad f_* \mathcal{O}_Y, \\
& (h : Y \to Z) \quad \longmapsto \quad (g_* \mathcal{O}_Z \to f_* \mathcal{O}_Y).
\end{aligned}
$$

引理 4.2.3　Γ 是一个由范畴 **Aff**(X) 到 **QCoh**($\mathcal{O}_X$) 的反等价.

证明： 结论由引理4.2.1和4.2.2可得. □

有了上面的引理，我们可以在范畴 **Aff**(X) 中构造有限自同构群下的商，主要方法就是用 **Aff**(X) 的反等价范畴 **QCoh**($\mathcal{O}_X$) 代替它. 设 X 是一个概型且 $f : Y \to X$ 是一个仿射映射，再令 G 为范畴 **Aff**(X) 中 $Y \to X$ 的自同构群的一个有限子群. 利用我们在前面引理中证明的范畴间的反等价关系，Y 对应了一个 $\mathcal{O}_X$-代数的拟凝聚层，设其为 $\mathscr{A}$，且 G 对应于 $\mathrm{Aut}_{\mathcal{O}_X}(\mathscr{A})$ 的一个有限子群，该子群作用于 $\mathscr{A}$ 且保持 $\mathcal{O}_X$ 不变，我们仍用 G 来表示该子群.

对任一开子集 $U \subseteq X$，我们定义

$$\mathscr{A}^G(U) := (\mathscr{A}(U))^G = \left\{ a \in \mathscr{A}(U) \,\middle|\, \sigma a = a, \forall \sigma \in G \right\}.$$

由于 G 的作用保持 $\mathcal{O}_X$ 不变，故映射 $\mathcal{O}_X(U) \to \mathscr{A}(U)$ 因子通过 $\mathscr{A}^G(U)$，这使得 $\mathscr{A}^G(U)$ 具有一个 $\mathcal{O}_X(U)$-代数结构. 由于 σ 是一个层态射，故对

任意开子集 $U \subseteq V \subseteq X$，$\sigma$ 与 $\rho_{VU} : \mathscr{A}(V) \to \mathscr{A}(U)$ 可交换，从而对任意 $a \in \mathscr{A}^G(U)$，有

$$\sigma \rho_{VU}(a) = \rho_{VU}\sigma(a) = \rho_{VU}(a),$$

故 $\rho_{VU}(a) \in \mathscr{A}^G(U)$. 我们可得到交换图4.10. 这使得 $\mathscr{A}^G$ 成为一个预层 (presheaf)，容易验证 $\mathscr{A}^G$ 是一个层.

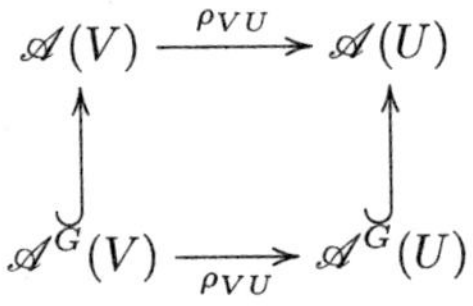

$$\begin{array}{ccc} \mathscr{A}(V) & \xrightarrow{\ \rho_{VU}\ } & \mathscr{A}(U) \\ \uparrow & & \uparrow \\ \mathscr{A}^G(V) & \xrightarrow{\ \rho_{VU}\ } & \mathscr{A}^G(U) \end{array}$$

图 4.10

我们仍需证明它是拟凝聚的. 设 $U \subseteq X$ 为任一开子集，映射

$$\varphi_U : \mathscr{A}(U) \to \bigoplus_{\sigma \in G} \mathscr{A}(U), \quad a \mapsto (\sigma a - a)_{\sigma \in G}$$

是 $\mathcal{O}_X(U)$-线性的，且 $\mathrm{Ker}(\varphi_U) = \mathscr{A}^G(U)$. 易知这些 φ_U 给出了 $\mathcal{O}_X$-代数层的一个态射

$$\varphi : \mathscr{A} \to \bigoplus_{\sigma \in G} \mathscr{A}.$$

由于 $\mathscr{A}$ 和 $\bigoplus\limits_{\sigma \in G} \mathscr{A}$ 都是拟凝聚的，故由性质4.2.4可得，$\mathscr{A}^G = \mathrm{Ker}(\varphi)$ 也是拟凝聚的. 此外，设 $\theta : \mathscr{B} \to \mathscr{A}$ 为 $\mathcal{O}_X$-代数的拟凝聚层的任一态射，且 $\sigma \circ \theta = \theta$ 对所有 $\sigma \in G$ 成立，则 θ 唯一地因子通过包含态射 $\mathscr{A}^G \to \mathscr{A}$. 再利用范畴间的反等价关系，$\mathscr{A}^G$ 对应于 X 上的一个仿射映射，记为 $g : Y/G \to X$，且 $g : Y/G \to X$ 满足 $Y \to X$ 在 G 下的商的泛性质.

对概型 X，设 $f : Y \to X$ 是一个仿射映射，且 G 为 $Y \to X$ 在 $\mathbf{Aff}(X)$ 中自同构群的一个有限子群. 前面我们已经说明了商 $g : Y/G \to X$ 在范

畴 **Aff**(X) 中存在，由前面的构造易知，对任一开子集 $U \subseteq X$，我们有

$$g^{-1}(U) \cong f^{-1}(U)/G,$$

且如果 $U = \operatorname{Spec} A$ 是开仿射子集，$f^{-1}(U) = \operatorname{Spec} B$，则

$$g^{-1}(U) = \operatorname{Spec}(B^G).$$

性质 4.2.5　设 $f : Y \to X$ 是一个仿射映射，G 是 $Y \to X$ 在 **Aff**(X) 上自同构群的一个有限子群，且 $g : W \to X$ 是一个有限且局部自由的态射，则在范畴 **Aff**$_W$ 中，有

$$(Y \times_X W)/G \cong (Y/G) \times_X W.$$

证明：首先我们注意到基变换 $Y \times_X W \to W$ 也是仿射映射. 对每个 $\sigma \in G$，$f \circ \sigma = f$，我们有交换图4.11.

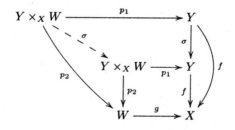

图 4.11

在图4.11中，由于

$$g \circ p_2 = f \circ p_1 = (f \circ \sigma) \circ p_1 = f \circ (\sigma \circ p_1),$$

故由纤维积的泛性质，可得态射 $Y \times_X W \to Y \times_X W$，我们仍用 σ 来表示这个态射. 对 σ^{-1} 作同样的讨论，即在图4.11中用 σ^{-1} 替代 σ，可得 σ 是范畴 **Aff**(W) 中 $Y \times_X W \to W$ 的一个自同构. 此外，G 的作用给出了一个 G 在 $Y \times_X W \to W$ 上的典范作用 (canonical action)，故

商 $(Y \times_X W)/G \to W$ 是明确定义的. 我们用 ρ 表示 $\mathbf{Aff}(X)$ 中的态射 $Y \to Y/G$, 且对所有 $\sigma \in G$, $\rho \circ \sigma = \rho$, 则 $\forall \sigma \in G$, 由 ρ 诱导的态射

$$h : Y \times_X W \to (Y/G) \times_X W$$

满足 $h \circ \sigma = g$. 由商的泛性质, 存在唯一的态射

$$\phi : (Y \times_X W)/G \longrightarrow (Y/G) \times_X W.$$

下面我们证明 ϕ 是一个同构, 该性质可在底空间中局部验证. 我们可设 $X = \operatorname{Spec} A$ 是仿射的, 由于 f 是仿射的以及 g 是有限且局部自由的, 可得 $Y = \operatorname{Spec} B$, 且 $W = \operatorname{Spec} C$, 其中 B 是一个 A-代数且 C 是一个有限射影 A-代数. 此外, 下列概型均为仿射的:

$$Y/G = \operatorname{Spec}\left(B^G\right),$$

$$Y \times_X W = \operatorname{Spec}\left(B \otimes_A C\right),$$

$$(Y \times_X W)/G = \operatorname{Spec}\left((B \otimes_A C)^G\right),$$

$$(Y/G) \times_X W = \operatorname{Spec}\left(B^G \otimes_A C\right).$$

现在我们只需证明自然的环包含 $B^G \otimes_A C \hookrightarrow (B \otimes_A C)^G$ 是一个同构. 考虑下面的 A-模的正合序列

$$0 \longrightarrow B^G \longrightarrow B \longrightarrow \bigoplus_{\sigma \in G} B,$$

其中最后一个映射为 $b \mapsto (\sigma(b) - b)_{\sigma \in G}$, $\forall b \in B$. 由 C 的平坦性 (见注3.1.2), 可得正合序列

$$0 \longrightarrow B^G \otimes_A C \longrightarrow B \otimes_A C \longrightarrow \bigoplus_{\sigma \in G} (B \otimes_A C),$$

其中最后一个映射将 $b \otimes c \in B \otimes_A C$ 映到 $((\sigma(b) - b) \otimes c)_{\sigma \in G}$, 且它的核为 $(B \otimes_A C)^G$. 故 $B^G \otimes_A C \cong (B \otimes_A C)^G$, 结论得证. $\qquad\square$

性质 4.2.6 设 $f : Y \to X$ 是一个有限艾达尔态射, 且 G 是范畴

FEt(X) 中 $\mathrm{Aut}_X(Y)$ 的一个有限子群，则商 Y/G 在 **FEt**(X) 中存在.

证明: 由性质4.2.5可知，$g: Y/G \to X$ 在范畴 **Aff**(X) 中存在. 因此我们只需证明当 $f: Y \to X$ 是有限艾达尔态射时，$g: Y/G \to X$ 也是有限艾达尔的.

首先我们证明如果 $Y = X \times D$，则商在 **FEt**(X) 中存在，其中 D 为某个有限集，G 的作用由 G 在 D 上的作用诱导而来. 对任意 **FEt**(X) 中的态射 $h: X \times D \to Z$ 满足 $h \circ \sigma = h$，$\forall \sigma \in G$，存在唯一的态射 $X \times (D/G) \to Z$ 使得图4.12为交换图，即 $X \times (D/G)$ 满足 $X \times D$ 对 G 的商的泛性质，从而

$$Y/G = (X \times D)/G \cong X \times (D/G),$$

则 $Y/G \to X$ 是有限艾达尔态射.

$$\begin{array}{ccc} X \times (D/G) & \longleftarrow & X \times D \\ \downarrow & & \downarrow \\ Z & \longrightarrow & X \end{array}$$

图 4.12

下面我们假设 $f: Y \to X$ 是完全分裂的. 对每个 $x \in X$，将注4.1.3的结论应用到 $Y = Z$，$f = g$，$\{\sigma_1, \sigma_2, \cdots, \sigma_n\} = G$ 是一个 $Y \to X$ 在 **FEt**(X) 中自同构的有限群的情形中，则存在 x 的开仿射邻域 $U \subset X$，使得 $f: f^{-1}(U) \to U$ 以及 G 的作用在 U 上是平凡的. 也就是说，存在一个有限 G-集合 D，使得 $f^{-1}(U) \cong U \times D$ 且 G 在 $U \times D$ 上的作用是由 G 在 D 上的作用诱导的. 使用前面讨论的情形，我们有 $(U \times D)/G \cong U \times (D/G)$，故

$$U \times (D/G) \cong f^{-1}(U)/G \cong g^{-1}(U),$$

这说明 $g^{-1}(U) \to U$ 是有限艾达尔的. 由于 X 可被这样的 U 覆盖，故在此情形下，态射 $g: Y/G \to X$ 是有限艾达尔的.

对于一般情形, 我们选取一个满的、有限且局部自由的态射 $W \to X$, 使得 $Y \times_X W \to W$ 是完全分裂的, 则由我们刚证明的结论,

$$(Y \times_X W) /G \to W$$

是有限艾达尔的, 且由性质4.2.5, 我们有

$$(Y \times_X W) /G \cong (Y/G) \times_X W.$$

最后由性质 3.4.7, 可得 $Y/G \to X$ 是有限艾达尔的. 证明完毕. □

性质 4.2.7 范畴 $\mathbf{FEt}(X)$ 满足公设 (G2).

证明: • 由性质3.4.1可知, 有限和在 $\mathbf{FEt}(X)$ 中存在. 特别地, $\varnothing \to X$ 是始对象.

• 由性质4.2.6, $\mathbf{FEt}(X)$ 中任意对象关于其自同构群有限子群的商存在.

证明完毕. □

4.2.3 公设 (G3)

性质 4.2.8 设 $f : Y \to X, g : Z \to X$ 为有限艾达尔态射, $h : Y \to Z$ 是一个态射且满足 $f = g \circ h$, 则 h 在 $\mathbf{FEt}(X)$ 中是满态的当且仅当 h 是满射.

证明: 先证必要性. 设 h 是范畴 $\mathbf{FEt}(X)$ 中的一个满态射, 由性质 4.1.3 可知, $h : Y \to Z$ 是有限艾达尔的, 因而是有限且局部自由的. 因此可得到

$$Z_0 = \{z \in Z : [Y : Z](z) = 0\}$$

是 Z 的一个既开又闭子概型, 从而它的补集

$$Z_1 = Z - Z_0$$

在 Z 中也是既开又闭的, 故 $Z = Z_0 \amalg Z_1$. 由性质3.3.4知, $h^{-1}(Z_0) = \varnothing$.

故可得 h 因子通过一个有限艾达尔态射 $h_1 : Y \to Z_1$，且由于

$$[Y : Z_1] = [Y : Z]\Big|_{Z_1} \geqslant 1,$$

从而 h_1 是满射.

下面我们证明 $Z_0 = \varnothing$. 令 $Z' = Z_0 \amalg Z_0 \amalg Z_1$，由于 $Z \to X$ 是有限艾达尔的，故它的限制 $Z_i \to X$ ($i = 0$, 1) 都是有限艾达尔态射，从而 $Z' \to X$ 也是有限艾达尔的. 考虑映射 α，$\beta : Z \to Z'$，它们分别将 Z_0 映到 Z_0 在 Z' 中的第一和第二个副本 (copy)，我们只需证明 α，β 是相等的. 我们局部地验证这个性质. 假设 $X = \operatorname{Spec} A$ 是仿射的，则 Y，Z_0，Z_1 都是仿射的. 另设 $Y = \operatorname{Spec} B$，$Z_i = \operatorname{Spec} C_i$ ($i = 0$, 1)，因此可得到

$$Z = \operatorname{Spec}(C_0 \times C_1), \quad Z' = \operatorname{Spec}(C_0 \times C_0 \times C_1).$$

仿射概型的态射 $h : Y \to Z$ 对应了一个环同态 $h^* : C_0 \times C_1 \to B$，且这个环同态因子通过 C_1，即有环同态

$$h_1^* : C_1 \to B.$$

由于 h 因子通过 h_1，且 h_1^* 就是由 h_1 诱导的环同态，因此有 $h^* = h_1^* \circ p$，其中 p 为自然投影 $C_0 \times C_1 \to C_1$. 定义如下两个映射:

$$\alpha^* : C_0 \times C_0 \times C_1 \to C_0 \times C_1, \quad (a, b, c) \mapsto (a,\ c),$$

$$\beta^* : C_0 \times C_0 \times C_1 \to C_0 \times C_1, \quad (a, b, c) \mapsto (b,\ c).$$

令 α，β 分别表示由 α^* 和 β^* 诱导的概型的态射 $Z \to Z'$，由于

$$h^* \circ \alpha^* = h_1^* \circ p \circ \alpha^* = h_1^* \circ p \circ \beta^* = h^* \circ \beta^*,$$

我们可得到 $\alpha \circ h = \beta \circ h$. 故由 h 为满态射可得 $\alpha = \beta$，从而有 $\alpha^* = \beta^*$，进而可得 $C_0 = 0$，即 $Z_0 = \varnothing$. 故 $Z = Z_1$ 且 h 是满射.

下面证充分性. 设 h 是满射，令 $Z \begin{smallmatrix} p \\ \longrightarrow \\ \longrightarrow \\ q \end{smallmatrix} W$ 是范畴 **FEt**(X) 中的两个

有限艾达尔态射且满足 $p \circ h = q \circ h$，我们只需证 $p = q$. 这是一个局部性质，故我们可假设 X 是仿射的. 设 $X = \mathrm{Spec}\, A$，其中 A 是一个环，则 Y，Z，W 都是仿射的，设为 $Y = \mathrm{Spec}\, B$，$Z = \mathrm{Spec}\, C$ 且 $W = \mathrm{Spec}\, D$，则我们可得到环同态 $D \underset{q^*}{\overset{p^*}{\rightrightarrows}} C \xrightarrow{\;h^*\;} B$，且有 $h^* \circ p^* = h^* \circ q^*$.

$$h \text{ 是满射} \Rightarrow [Y : Z] = [B : C] \geqslant 1$$
$$\Rightarrow h^* : C \longrightarrow B \text{ 是单射 (性质 3.1.9)}$$
$$\Rightarrow p^* = q^*$$
$$\Rightarrow p = q.$$

故可得 h 是一个满态射. 这就完成了该性质的证明. $\square$

性质 4.2.9 令 $f : Y \to X$，$g : Z \to X$ 为有限艾达尔态射，$h : Y \to Z$ 为一个态射且满足 $f = g \circ h$，则 h 是 $\mathbf{FEt}(X)$ 中的单态射当且仅当 h 是一个既开又闭的浸入.

证明： 由于一个开 (或闭) 浸入可以因子通过一个同构以及一个开 (或闭) 子概型，故 h 显然是单态射，从而充分性得证.

下面证必要性. 设 h 是 $\mathbf{FEt}(X)$ 中的一个单态射，考虑由 $h : Y \to Z$ 得到的纤维积 $Y \times_Z Y$，我们可得到交换图4.13.

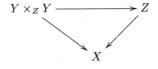

图 4.13

由于 $Y \to Z$ 和 $Z \to X$ 都是有限艾达尔态射，故 $Y \times_Z Y \to Z$ 以及 $Y \times_Z Y \to X$ 也是有限艾达尔态射，从而 $Y \times_Z Y \to Z$ 是范畴 $\mathbf{FEt}(X)$ 中的态射. 令 p_1，p_2 分别表示 $Y \times_Z Y \to Y$ 向第一个和第二个坐标的投影，我们可得到交换图4.14，从而有 $h \circ p_1 = h \circ p_2$.

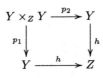

图 4.14

由于 h 是单态射，则 $p_1 = p_2$. 下面我们说明 p_1 是一个同构. 事实上，同构是一个局部性质，我们可假设 X 是仿射的，从而 Y 和 Z 都是仿射的，设

$$X = \operatorname{Spec} A, \ Y = \operatorname{Spec} B, \ Z = \operatorname{Spec} C,$$

从而有 $Y \times_Z Y = \operatorname{Spec}(B \otimes_C B)$. 由前面概型与态射纤维积的交换图可得到一个环及图4.15中同态的交换图.

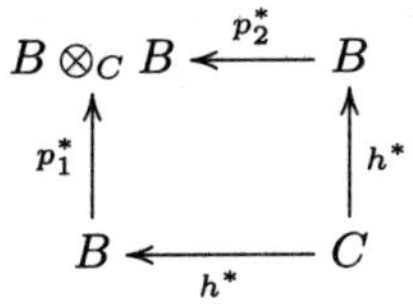

$$
\begin{array}{ccc}
B \otimes_C B & \xleftarrow{\ p_2^*\ } & B \\
{\scriptstyle p_1^*}\big\uparrow & & \big\uparrow{\scriptstyle h^*} \\
B & \xleftarrow{\ h^*\ } & C
\end{array}
$$

图 4.15

图 4.15 中，$h^* : C \to B$ 是对应于 h 的环同态，且 p_1^*, p_2^* 分别为对应于 p_1, p_2 的环同态 $B \to B \otimes_C B$，即对任意 $x \in B$，

$$p_1^* : B \longrightarrow B \otimes_C B, \quad x \longmapsto x \otimes 1,$$

$$p_2^* : B \longrightarrow B \otimes_C B, \quad x \longmapsto 1 \otimes x.$$

注意到对任意 $x \in B$，$x \otimes 1 = 1 \otimes x$，故 $p_1 = p_2$，因而 $p_1^* = p_2^*$. 对任意 $x, y \in B$，我们有

$$p_1^*(xy) = xy \otimes 1 = (x \otimes 1)(y \otimes 1) = (x \otimes 1)(1 \otimes y) = x \otimes y,$$

这说明 p_1^* 是满射. 令 m 表示 $B \otimes_C B \to B$ 的乘法映射，即

$$m : B \otimes_C B \to B, \quad x \otimes y \mapsto xy,$$

则有 $m \circ p_1^* = \mathrm{id}_B$，这说明 p_1^* 是单射. 综上所述，p_1^* 是一个同构，从而 m 是一个同构. 由性质 3.1.8 可知 $[B : C] \leqslant 1$. 将该结论整体扩展，可得 $[Y : Z] \leqslant 1$.

对 $i = 0,\ 1$，令

$$Z_i = \{z \in Z : [Y : Z](z) = i\},$$

则有 $Z = Z_0 \amalg Z_1$. 由性质 3.3.4，可得 $h^{-1}(Z_0) = \varnothing$，从而 h 因子通过一个同构 $h_1 : Y \to Z_1$. 故 h 是一个既开又闭的浸入. 证明完成. □

由性质 3.3.4、4.2.8 和 4.2.9，我们可得到下面的推论.

推论 4.2.1　设 $f : Y \to X, g : Z \to X$ 是有限艾达尔态射，$h : Y \to Z$ 是一个态射且满足 $f = g \circ h$，则 h 是范畴 **FEt**(X) 中的一个态射，且可以得到以下结论：

(a) h 是满态的当且仅当 $[Y : Z] \geqslant 1$；

(b) h 是单态的当且仅当 $[Y : Z] \leqslant 1$；

(c) h 是一个同构当且仅当它既是单态的又是满态的.

利用前面证明的性质，现在我们来验证公设 (G3).

性质 4.2.10　设 X 是一个概型，则范畴 **FEt**(X) 满足公设 (G3).

证明：设 $h : Y \to Z$ 是范畴 **FEt**(X) 中的任一态射，从而有交换图4.16，其中的每个态射都是有限艾达尔的.

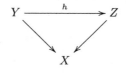

图 4.16

下面我们将证明 $h = h_2 \circ h_1$ 可因子分解为一个满态射 h_1 和一个单态

射 h_2.

令

$$Z_0 = \{z \in Z : [Y : Z](z) = 0\}, \quad Z_1 = Z - Z_0,$$

则 Z_0 和 Z_1 都是 Z 的既开又闭子概型. 由性质3.4.1可知, Z_0 与 Z_1 是 **FEt**(X) 中的对象, 且 $Z = Z_0 \amalg Z_1$. 由于 $h^{-1}(Z_0) = \varnothing$, 故 h 可因子分解 (见图4.17).

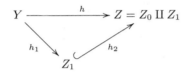

图 4.17

图4.17中, 由于 h_2 是一个既开又闭的浸入, 则由性质4.2.9, h_2 是 **FEt**(X) 中的单态射; 而对于 h_1, 由于它的次数 (degree) 至少是 1, 故由推论4.2.1, h_1 是 **FEt**(X) 中的一个满态射. 这就证明了范畴 **FEt**(X) 满足公设 (G3). □

4.2.4 公设 (G4)

定义 4.2.3 概型 X 的一个**几何点**是一个态射 $x : \operatorname{Spec}\Omega \to X$, 其中 Ω 是一个代数闭域.

下面的性质告诉我们, 若概型 X 非空, 特别地, 若 X 是连通的, 则几何点存在.

性质 4.2.11 设 X 是一个概型, 则存在 X 的一个几何点等价于存在一个点 $y \in X$, 以及一个域同态 $k(y) \to \Omega$, 其中 $k(y)$ 为 y 的剩余类域, Ω 为一个代数闭域.

证明: 我们用 0 来表示 $\operatorname{Spec}\Omega$ 中唯一的点.

◇ 首先, 假设已给出了 X 的一个几何点, 即一个概型的态射

$$x = (f, \ f^{\sharp}) : \{0\} = \operatorname{Spec} \Omega \longrightarrow X,$$

其中 $f : \{0\} \to X$ 为对应底拓扑空间上的连续映射，$f^{\sharp} : \mathcal{O}_X \to f_* \mathcal{O}_{\operatorname{Spec} \Omega}$ 为环层的态射，Ω 是一个代数闭域. 令 $y = f(0)$，则 y 是 X 中的点. 考虑茎 $\mathcal{O}_{X, \, y}$，可得一个局部态射

$$f_0^{\sharp} : \mathcal{O}_{X, \, y} \longrightarrow \mathcal{O}_{\operatorname{Spec} \Omega, \, 0} = \Omega.$$

因此 $\left(f_0^{\sharp} \right)^{-1} (0) = \mathfrak{m}_{X, \, y}$，其中 $\mathfrak{m}_{X, \, y}$ 是局部环 $\mathcal{O}_{X, \, y}$ 唯一的极大理想. 故 $f_0^{\sharp}$ 将诱导一个域的同态 $k(y) = \mathcal{O}_{X, \, y} / \mathfrak{m}_{X, \, y} \longrightarrow \Omega$，由 y 点处的剩余类域 $k(y)$ 到一个代数闭域 Ω.

◇ 反之，假设已给出一个点 $y \in X$ 以及一个域同态 $k(y) \to \Omega$，由 y 的剩余类域到一个代数闭域 Ω，我们先定义两个拓扑空间中的映射如下：

$$f : \operatorname{Spec} \Omega \to X, \quad f(0) = y.$$

易知 f 是连续的. 对于任意开子集 $U \subseteq X$，我们定义环同态 $f^{\sharp}(U) :$ $\mathcal{O}_X(U) \to f_* \mathcal{O}_{\operatorname{Spec} \Omega}(U)$ 如下：

• 若 $y \notin U$，则定义

$$f_* \mathcal{O}_{\operatorname{Spec} \Omega}(U) = \mathcal{O}_{\operatorname{Spec} \Omega}(\varnothing) = 0(\text{零环}),$$

且定义 $f^{\sharp}(U)$ 为零映射.

• 若 $y \in U$，则定义

$$f_* \mathcal{O}_{\operatorname{Spec} \Omega}(U) = \mathcal{O}_{\operatorname{Spec} \Omega}(\operatorname{Spec} \Omega) = \Omega,$$

且定义 $f^{\sharp}(U)$ 为下面的复合：

$$\mathcal{O}_X(U) \xrightarrow{\rho_y^{\mathcal{O}_X}} \mathcal{O}_{X, \, y} \xrightarrow{\pi} \mathcal{O}_{X, \, y} / \mathfrak{m}_{X, \, y} = k(y) \longrightarrow \Omega,$$

其中 $\rho_y^{\mathcal{O}_X}$ 是

$$\rho_y^{\mathcal{O}_X} : \mathcal{O}_X(U) \to \mathcal{O}_{X,\,y} = \varinjlim_{y \in V \subseteq X\text{开}} \mathcal{O}_X(V)$$

的典范投影，π 为到商环的自然同态，且最后一个映射是假设已经给出的由剩余类域 $k(y)$ 到代数闭域 Ω 的同态.

容易验证 $f^\sharp : \mathcal{O}_X \to f_* \mathcal{O}_{\operatorname{Spec} \Omega}$ 是一个层的态射，且

$$f_0^\sharp : \mathcal{O}_{X,\,y} \to f_* \mathcal{O}_{\operatorname{Spec} \Omega,\,0} = \Omega$$

是局部的. 故 $x = (f,\,f^\sharp)$ 是一个概型 $\operatorname{Spec} \Omega \to X$ 的态射，因此是 X 的一个几何点.

该性质的证明到此完成. $\hfill\square$

注 4.2.1　如果概型 X 是非空的 (特别情形为 X 是连通的)，我们可以取一个点 $x \in X$，且令 Ω 为 $k(x)$ 的代数闭包，其中 $k(x)$ 是 x 处的剩余类域，则 x 以及域的包含 $k(x) \hookrightarrow \Omega$ 给出了 X 的一个几何点.

现在我们设 X 是一个概型，且固定 X 的一个几何点 $x : \operatorname{Spec} \Omega \to X$ 在一个代数闭域 Ω 上. 若 $Y \to X$ 是有限艾达尔的，则 $Y \times_X \operatorname{Spec} \Omega \to \operatorname{Spec} \Omega$ 也是有限艾达尔的. 因此 $Y \times_X \operatorname{Spec} \Omega$ 是仿射的，设

$$Y \times_X \operatorname{Spec} \Omega = \operatorname{Spec} K,$$

其中 K 是一个可分 Ω-代数. 由于 Ω 是代数闭域，故由定理 3.4.2 可知，对某个正整数 n，$K \cong \Omega^n$，从而可得

$$Y \times_X \operatorname{Spec} \Omega \cong \operatorname{Spec} \Omega \times D,$$

其中 D 是一个有限集且基数 $|D| = n$. 这里，D 在同构的意义下是唯一的.

此外，若 $h : Y \to Z$ 是 **FEt**(X) 中的态射，则由引理 4.1.1，存在有限集合 $D,\,E$，使得

$$Y \times_X \operatorname{Spec} \Omega \cong \operatorname{Spec} \Omega \times D \cong \operatorname{Spec}\left(\Omega^D\right),$$
$$Z \times_X \operatorname{Spec} \Omega \cong \operatorname{Spec} \Omega \times E \cong \operatorname{Spec}\left(\Omega^E\right).$$

由此，态射 $h \times \mathrm{id}_{\mathrm{Spec}\,\Omega} : Y \times_X \mathrm{Spec}\,\Omega \to Z \times_X \mathrm{Spec}\,\Omega$ 可诱导一个态射 $\mathrm{Spec}\,(\Omega^D) \to \mathrm{Spec}\,(\Omega^E)$. 再利用引理4.1.1，此诱导态射对应一个映射 $F_x(h) : D \to E$. 现在我们定义一个函子：

$$
\begin{aligned}
F_x : \qquad \mathbf{FEt}(X) \quad &\longrightarrow \quad \mathbf{Sets}, \\
(Y \to X) \quad &\longmapsto \quad D, \\
(h : Y \to Z) \quad &\longmapsto \quad (F_x(h) : D \to E),
\end{aligned}
$$

其中 $Y \times_X \mathrm{Spec}\,\Omega \cong \mathrm{Spec}\,\Omega \times D$ 且 $Z \times_X \mathrm{Spec}\,\Omega \cong \mathrm{Spec}\,\Omega \times E$. 容易验证，$F_x$ 是一个 (共变) 函子. 下面我们证明公设 (G4) 对函子 F_x 成立，为此，我们先给出一个引理.

引理 4.2.4 设 A 是一个环, D, E, E' 均为有限集合，则 $A^E \otimes_{A^D} A^{E'}$ $\cong A^{E \times_D E'}$ 是 A-代数的同构.

证明: 考虑如下定义的两个 A-代数同态：

$$
\begin{aligned}
\varphi : A^E \otimes_{A^D} A^{E'} \quad &\longrightarrow \quad A^{E \times_D E'}, \\
(f, \ g) \quad &\longmapsto \quad ((e, \ e') \mapsto f(e)g(e')), \\
\psi : A^{E \times_D E'} \quad &\longrightarrow \quad A^E \otimes_{A^D} A^{E'}, \\
\alpha \quad &\longmapsto \quad \sum_{(s, \ t) \in E \times_D E'} \alpha(s, \ t) f_s \otimes g_t,
\end{aligned}
$$

其中对任意 $s, \ s' \in E$ 以及任意 $t, \ t' \in E'$,

$$
f_s(s') = \begin{cases} 1, & s' = s, \\ 0, & s' \neq s, \end{cases}
$$

且

$$
g_t(t') = \begin{cases} 1, & t' = t, \\ 0, & t' \neq t. \end{cases}
$$

容易验证，φ 与 ψ 互为对方的逆，由此引理的结论得证. $\square$

性质 4.2.12 设 X 是一个概型，则函子 F_x 将范畴 **FEt**(X) 的终对象映为 **Sets** 的终对象，且 F_x 与纤维积可交换.

证明: • 注意到

$$F_x(\mathbf{1}_{\mathbf{FEt}(X)}) = F_x(X \to X) = \{1\},$$

这是一个单元素集，故为 **Sets** 的终对象. 这就证明了结论的第一部分.

• 设 Y, Z 和 W 是 **FEt**(X) 的对象，且有态射 $f : Y \to W, g : Z \to W$，再假设

$$W \times_X \operatorname{Spec}\Omega \cong \operatorname{Spec}\Omega \times D, \ Y \times_X \operatorname{Spec}\Omega$$
$$\cong \operatorname{Spec}\Omega \times E, \ Z \times_X \operatorname{Spec}\Omega$$
$$\cong \operatorname{Spec}\Omega \times E',$$

则可得

$$(Y \times_W Z) \times_X \operatorname{Spec}\Omega \cong (Y \times_X \operatorname{Spec}\Omega) \times_W Z$$
$$\cong (Y \times_X \operatorname{Spec}\Omega) \times_{(W \times_X \operatorname{Spec}\Omega)} (W \times_X \operatorname{Spec}\Omega) \times_W Z$$
$$\cong (Y \times_X \operatorname{Spec}\Omega) \times_{(W \times_X \operatorname{Spec}\Omega)} (W \times_X \operatorname{Spec}\Omega \times_W Z)$$
$$\cong (Y \times_X \operatorname{Spec}\Omega) \times_{(W \times_X \operatorname{Spec}\Omega)} (Z \times_X \operatorname{Spec}\Omega)$$
$$\cong (\operatorname{Spec}\Omega \times E) \times_{(\operatorname{Spec}\Omega \times D)} (\operatorname{Spec}\Omega \times E')$$
$$\cong \operatorname{Spec}\left(\Omega^E \otimes_{\Omega^D} \Omega^{E'}\right) \cong \operatorname{Spec}\left(\Omega^{E \times_D E'}\right)$$
$$\cong \operatorname{Spec}\Omega \times (E \times_D E').$$

综上，可得 (**FEt**(X), F_x) 满足公设 (G4). $\qquad\qquad\square$

4.2.5 公设 (G5)

性质 4.2.13 设 $f : Y \to X$ 是一个有限艾达尔态射，G 是范畴 **FEt**(X) 中 $\operatorname{Aut}_X(Y)$ 的一个有限子群，且 $g : Z \to X$ 为任一概型的态射，则在 **FEt**(Z) 中，有

$$(Y \times_X Z)/G \cong (Y/G) \times_X Z.$$

证明： 与性质4.2.5的证明过程类似，由商的泛性质我们可得态射

$$\phi : (Y \times_X Z)/G \longrightarrow (Y/G) \times_X Z.$$

下面我们说明这是一个同构. 我们分三步完成证明.

首先我们设 $Y = X \times D$，其中 D 是一个有限 G-集合 (即 D 是一个有限集合，且上面定义了一个 G 的作用)，则 G 在 Y 上的作用可由 G 在 D 上的作用诱导出. 由引理4.1.1(a)，可得

$$Y \times_X Z \cong (X \times D) \times_X Z \cong \left(X \times_{\mathrm{Spec}\,\mathbb{Z}} (\mathrm{Spec}\,\mathbb{Z}^D) \right) \times_X Z$$

$$\cong (X \times_X Z) \times_{\mathrm{Spec}\,\mathbb{Z}} (\mathrm{Spec}\,\mathbb{Z}^D) \cong Z \times D.$$

此外，在上面同构的表达式下，G 在纤维积上的作用就是通过 G 在 D 上的作用而得. 因此可得

$$(Y \times_X Z)/G \cong (Z \times D)/G \cong Z \times (D/G)$$

$$\cong (X \times (D/G)) \times_X Z \cong (Y/G) \times_X Z,$$

即 ϕ 是一个同构.

下面我们考虑 $f : Y \to X$ 是完全分裂态射的情形. 与性质4.2.6的证明过程类似，我们取 X 的一个由其开仿射子集 U 构成的覆盖，使得在每个 U 上，$f : Y \to X$ 与 G 的作用都是平凡的. 也就是说，我们可以将 $f^{-1}(U)$ 视为 $U \times D$，其中 D 为某个有限集且 G 在 $f^{-1}(U) \cong U \times D$ 上的作用由 G 在 D 上的作用诱导而得. 由前面刚证明过的情形可知，ϕ 是一个局部的同构，从而它是一个同构.

最后我们证明一般情形. 由定理 4.1.1，我们选取一个满的、有限且局部自由的态射 $W \to X$，使得 $Y_W \to W$ 是完全分裂的，这里我们用记号 $-_W$ 表示 $- \times_X W$(即 $Y_W := Y \times_X W$). 因此基底变换

$$Y_W \times_W Z_W \cong Y_W \times_W W \times_X Z \cong Y_W \times_X Z \longrightarrow W \times_X Z \cong Z_W$$

也是完全分裂的. 故可得到

$$(Y_W \times_W Z_W)/G \cong (Y_W/G) \times_W Z_W.$$

由于 $W \to X$ 是满的、有限且局部自由的态射，因此基底变换

$$Z_W \cong W_Z = W \times_X Z \to X \times_X Z \cong Z$$

也是满的、有限且局部自由的态射. 由性质4.2.5，我们可得到

$$(Y_Z \times_Z W_Z)/G \cong (Y_Z/G) \times_Z W_Z.$$

此外，还可得到

$$
\begin{aligned}
(Y_Z \times_Z W_Z)/G &\cong (Y \times_X Z \times_X W)/G \cong (Y \times_X W \times_W Z \times_X W)/G \\
&\cong (Y_W \times_W Z_W)/G \cong (Y_W/G) \times_W Z_W \\
&\cong ((Y \times_X W)/G) \times_W Z_W \cong (Y/G) \times_X W \times_W Z \times_X W \\
&\cong (Y/G) \times_X Z \times_X W \cong (Y/G) \times_X Z \times_Z W_Z.
\end{aligned}
$$

结合以上两式可得到一个同构

$$(Y_Z/G) \times_Z W_Z \cong (Y/G) \times_X Z \times_Z W_Z,$$

且这个同构就是将映射 $\phi : (Y \times_X Z)/G \longrightarrow (Y/G) \times_X Z$ 基底变换到 W_Z. 故由性质 3.4.6 和 3.1.4 可得，ϕ 也是一个同构. 该性质的证明到此完成. $\qquad\square$

性质 4.2.14 设 X 是一个概型，x 是 X 的一个几何点，则函子 F_x 与有限和可交换，将满态射变换为满态射，且与关于有限自同构群的商可交换.

证明: • 令 $Y_i \to X$ $(i = 1, 2, \cdots, n)$ 为有限艾达尔态射且假设

$$Y_i \times_X \operatorname{Spec}\Omega \cong \operatorname{Spec}\Omega \times E_i,$$

则有

$$\left(\coprod_{i=1}^{n} Y_i\right) \times_X \operatorname{Spec} \Omega \cong \coprod_{i=1}^{n}\left(Y_i \times_X \operatorname{Spec} \Omega\right)$$

$$\cong \coprod_{i=1}^{n}\left(\operatorname{Spec} \Omega \times E_i\right)$$

$$\cong \operatorname{Spec} \Omega \times\left(\coprod_{i=1}^{n} E_i\right).$$

因此可得到

$$F_x\left(\left(\coprod_{i=1}^{n} Y_i\right) \to X\right) = \coprod_{i=1}^{n} E_i = \coprod_{i=1}^{n} F_x(Y_i \to X).$$

- 现设 $h: Y \to Z$ 是 $\mathbf{FEt}(X)$ 中的一个满态射, 即 h 是一个满射, 则由性质 3.4.3(c), 基底变换

$$Y \times_X \operatorname{Spec} \Omega \cong Y \times_Z\left(Z \times_X \operatorname{Spec} \Omega\right) \longrightarrow Z \times_X \operatorname{Spec} \Omega$$

也是一个满射. 这等价于论断由 $F_x(h): F_x(Y) \to F_x(Z)$ 诱导的映射

$$\Omega^{F_x(Y)} \cong Y \times_X \operatorname{Spec} \Omega \to Z \times_X \operatorname{Spec} \Omega \cong \Omega^{F_x(Z)}$$

也是一个满射. 故 $F_x(h)$ 是一个满射.

- 设 $Y \to X$ 是一个有限艾达尔态射, G 是范畴 $\mathbf{FEt}(X)$ 中 $\operatorname{Aut}_X(Y)$ 的一个有限子群. 由性质4.2.13, 我们可得到

$$\left(Y \times_X \operatorname{Spec} \Omega\right)/G \cong (Y/G) \times_X \operatorname{Spec} \Omega \cong \operatorname{Spec} \Omega \times F_x(Y/G).$$

此外, 还可得到

$$\left(Y \times_X \operatorname{Spec} \Omega\right)/G \cong \left(\operatorname{Spec} \Omega \times F_x(Y)\right)/G \cong \left(\Omega^{F_x(Y)}\right)/G$$

$$\cong \operatorname{Spec}\left(\left(\Omega^{F_x(Y)}\right)^G\right) \cong \operatorname{Spec}\left(\Omega^{F_x(Y)/G}\right)$$

$$\cong \operatorname{Spec} \Omega \times\left(F_x(Y)/G\right).$$

将上面两个式子中的同构结合起来, 可得到

$$\operatorname{Spec}\Omega \times F_x(Y/G) \cong \operatorname{Spec}\Omega \times \big(F_x(Y)/G\big)\,,$$

从而 $F_x(Y/G) \cong F_x(Y)/G$.

该性质的结论等价于命题"范畴 **FEt**(X) 与函子 F_x 满足公设 (G5)". $\square$

4.2.6　公设 (G6)

引理 4.2.5　设 $f : Y \to X$，$g : Z \to X$ 是有限艾达尔态射，且 $[Y : X] = [Z : X]$，并设 $h : Y \to Z$ 是一个满态射且 $f = g \circ h$，则 h 是一个同构.

证明： 首先我们假设 f 和 g 是完全分裂的. 因 $[Y : X] = [Z : X]$，故由引理4.1.2，对任意 $x \in X$，存在 x 的一个开仿射邻域 $U \subseteq X$，使得图4.18为交换图.

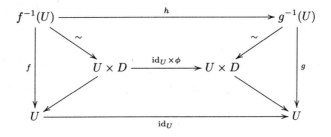

图 4.18

由于 h 是满射，从而 ϕ 实际上也是满射. 再结合 D 为有限集，可知 ϕ 为双射，故

$$h\big|_{f^{-1}(U)} : f^{-1}(U) \to g^{-1}(U)$$

是一个同构，因此 h 也是一个同构.

对于一般情形，由定理 4.1.1，我们取两个满的、有限且局部自由的态射 $W_1 \to X$，$W_2 \to X$，使得 $Y \times_X W_1 \to W_1$ 与 $Z \times_X W_2 \to W_2$ 是完全分裂的，则 $W = W_1 \times_X W_2 \to X$ 也是满的、有限且局部自由的态射，且 $Y \times_X W \to W$ 与 $Z \times_X W \to W$ 是完全分裂的. 我们可得到交换图4.19，

其中，

$$Y \times_X W \cong Y \times_X (W_1 \times_X W_2) \cong (Y \times_X W_1) \times_{W_1} (W_1 \times_X W_2),$$

$$Z \times_X W \cong Z \times_X (W_2 \times_X W_1) \cong (Z \times_X W_2) \times_{W_2} (W_1 \times_X W_2).$$

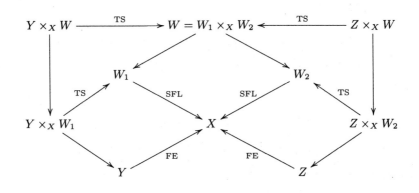

图 4.19

图 4.19 中，箭头上的字母缩写 FE、TS 和 SFL 分别表示对应的态射是有限艾达尔的、完全分裂的和满的且局部自由的. 我们可根据此图以及前面的性质来判断其余态射的性质.

更进一步，由性质 3.4.3(b)，我们可得到

$$[Y \times_X W : W] = [Y : X] = [Z : X] = [Z \times_X W : W].$$

利用前面特殊情形的结论可得，$h \times \mathrm{id}_W : Y \times_X W \to Z \times_X W$ 是一个同构. 由于同构是一个局部性质，故我们可假设 $X = \mathrm{Spec}\, A$ 是仿射的，其中 A 是一个环. 由于 $W \to X$ 是满的且局部自由的，故 $W = \mathrm{Spec}\, B$ 是仿射的，且 B 是一个忠实射影 A-代数. 这就证明了 h 是一个同构 (性质 3.1.4).   □

性质 4.2.15 设 X 是一个连通概型，x 是 X 的一个几何点，则 $(\mathbf{FEt}(X), F_x)$ 满足公设 (G6).

证明：设存在一个 $\mathbf{FEt}(X)$ 中的态射 $h : Y \to Z$，使得 $F_x(h) :$

$F_x(Y) \to F_x(Z)$ 是一个同构. 这说明

$$[Y : X] = |F_x(Y)| = |F_x(Z)| = [Z : X].$$

与性质4.2.10的证明过程类似, 我们可将 h 因子分解如图4.20所示, 其中 h_1 为满射且 $Z_0 = \{z \in Z : [Y : Z](z) = 0\}$.

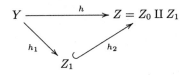

图 4.20

由性质4.2.14可知,

$$F_x(Z) = F_x(Z_0) \amalg F_x(Z_1)$$

且 $F_x(h_1) : F_x(Y) \to F_x(Z_1)$ 是满射. 故可得到交换图4.21.

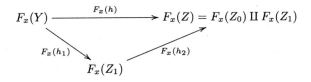

图 4.21

图 4.21 中, $F_x(h)$ 是一个同构且 $F_x(h_1)$ 为满射, 从而 $F_x(Z_1) = F_x(Z)$, 则 $F_x(Z_0) = \varnothing$, 即

$$[Z_0 : X] = [Z_0 \times_X \operatorname{Spec} \Omega : \operatorname{Spec} \Omega] = |F_x(Z_0)| = 0.$$

这说明 $Z_0 = \varnothing$, 故有 $Z = Z_1$, 即 h 是满射. 由引理4.2.5, 可得 h 是一个同构. 公设 (G6) 成立. 　　　　　　　　　　　　　　　□

综合前面的内容, 我们有下面的结论.

定理 4.2.1 设 X 是一个连通概型，x 是 X 的一个几何点，且函子 $F_x : \mathbf{FEt}(X) \to \mathbf{Sets}$ 如4.2.4节定义，则 $(\mathbf{FEt}(X), F_x)$ 是一个伽罗瓦范畴.

4.3 基 本 群

本节我们给出本书主要的定理.

定理 4.3.1 设 X 是一个连通概型，则存在唯一的 (在同构的意义下) 投射有限群 π，使得范畴 $\mathbf{FEt}(X)$ 与 $\pi\text{-}\mathbf{Sets}$ 等价. 其中 $\mathbf{FEt}(X)$ 为 X 的有限艾达尔覆盖范畴，$\pi\text{-}\mathbf{Sets}$ 为具有 π 连续作用的有限集合范畴.

证明: 由于 X 是连通的，故对范畴 $\mathbf{FEt}(X)$ 中的任一对象 $(Y \to X)$，其次数 $[Y : X]$ 为常数，则可直接说明 $\mathbf{FEt}(X)$ 是一个本质小的范畴. 定理 2.1.1(a) 以及定理 4.2.1 表明，当 X 连通时，范畴 $\mathbf{FEt}(X)$ 与 $\pi\text{-}\mathbf{Sets}$ 等价，其中 π 是一个投射有限群. 再利用定理 2.1.1(d)，π 在同构的意义下是唯一的. $\qquad\square$

设 X 是一个连通概型，$x \in X$ 是一个几何点，且函子 $F_x : \mathbf{FEt}(X) \to \mathbf{Sets}$ 如4.2.4小节定义. 我们记 $\pi(X, x) = \mathrm{Aut}(F_x)$，并称其为 **$X$ 在 x 处的基本群**，详见2.1.6节.

参 考 文 献

[1] M. A. Armstrong. *Basic Topology*. New York: Springer, 1983.

[2] William S. Massey. *A Basic Course in Algebraic Topology*. New York: Springer, 1991.

[3] Tamás Szamuely. *Galois Groups and Fundamental Groups*. New York: Cambridge University Press, 2009.

[4] Saunders Mac Lane. *Categories for the Working Mathematician*. New York: Springer, 1998.

[5] H. Herrlich and G. E. Strecker. *Category Theory: An Introduction*. Boston: Allyn and Bacon, 1973.

[6] R. Hartshorne. *Algebraic Geometry*. New York: Springer, 1977.

[7] M. F. Atiyah and I. G. MacDonald. *Introduction to Commutative Algebra*. Massachusetts: Addison-Wesley, 1994.